1分钟微生物

林建群 张伶俐

U0261263

山东科学技术出版社
·济南·

图书在版编目（CIP）数据

1 分钟微生物 / 林建群, 张伶俐编著. —— 济南：山东
科学技术出版社, 2023.6
ISBN 978-7-5723-1639-5

Ⅰ.①1… Ⅱ.①林…②张… Ⅲ.①微生物 – 普及
读物 Ⅳ.① Q939-49

中国国家版本馆 CIP 数据核字（2023）第 087581 号

1分钟微生物
YIFENZHONG WEISHENGWU

责任编辑：陈　昕　徐丽叶
装帧设计：庞　婕

主管单位：山东出版传媒股份有限公司
出 版 者：山东科学技术出版社
　　　　　地址：济南市市中区舜耕路 517 号
　　　　　邮编：250003　电话：（0531）82098088
　　　　　网址：www.lkj.com.cn
　　　　　电子邮件：sdkj@sdcbcm.com
发 行 者：山东科学技术出版社
　　　　　地址：济南市市中区舜耕路 517 号
　　　　　邮编：250003　电话：（0531）82098067
印 刷 者：山东彩峰印刷股份有限公司
　　　　　地址：潍坊市潍城区玉清西街 7887 号
　　　　　邮编：261031　电话：（0536）8311811

规格：16 开（170 mm×240 mm）
印张：11.25　字数：130 千
版次：2023 年 6 月第 1 版　印次：2023 年 6 月第 1 次印刷
定价：38.00 元

编委会

前　言

对于形体微小、构造简单、要在高倍数显微镜下才能看清面貌的微生物，我们看似熟悉，实则陌生。

微生物诞生于 35 亿年前的原始海洋中，是地球最早的生命形式。微生物分布极广，从陆地到海洋，从土壤到空气，都能发现形形色色、各种类型的微生物。它能在白雪皑皑的南北极生存，也能在温度高达 250℃的热泉中找到，遍布世界每一个角落。

虽然绝大多数微生物都很小，小到用显微镜才可以看到它们，但它们集合起来却拥有维持生物圈正常运行的磅礴之力。没有了它们，所有的动植物都将不复存在，它们才是地球真正的主宰！

人类对微生物可以说是又爱又恨。历史上，微生物造成的疫病给人类带来了巨大的伤害。爆发于 14 世纪欧洲的鼠疫夺去了 2500 多万人的生命；西班牙流感在短短半年内就导致 2500 万~4000 万人死亡，超过第一次世界大战的死亡人数，这也成为此次战争结束的原因之一。此外，天花、霍乱、结核等都是微生物的"恶行"。但同时，微生物也为人类提供了美味的食物、饮料、调味品、药品等，像大家熟知的酸奶、面包、各种酒类、酱油、醋、抗生素等；它在维持人体的正常代谢和健康方面也作用巨大，像人的肠道中就有 2000 多种微生物，和人一起和谐共生。它们一旦"造反"，人就可能出现腹泻、免疫力下降、肥胖、糖尿病，甚至神经系统疾病。另外，微生物还广泛应用于农业、环保、制造业等国民经济的支柱产业中。

为了弄清微生物的奥秘，科学家们一直在孜孜不倦地努力着。世界上第一台显微镜的诞生，让人们看清了微生物的形态，微生物世界的大门首次开启，之后微生物学的研究进入了快车道。人类从认识微生物、了解微生物，已经发展到可以依据人类需求改造微生物，使之更好地为人类服务。

了解微生物这个数量庞大、与人类既合作又竞争的共生盟友，就先从这本书开始吧！

编　者

2023 年 6 月

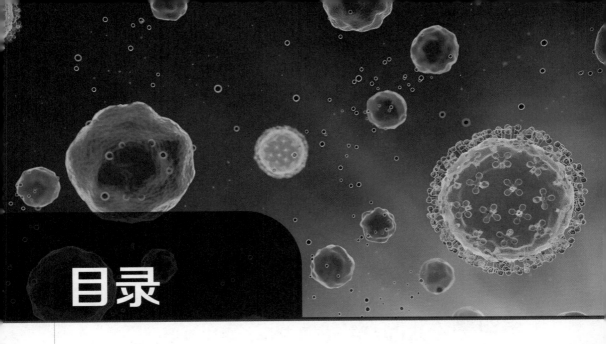

目录

第一章

打开脑洞:
奇奇怪怪的冷知识

在生物圈中,作为分解者的细菌和真菌等微生物在维持生态平衡中起着重要的作用。微生物的种类和数量极大,分布极其广泛,与人类的生产、生活有着非常密切的关系。它们和动植物一起,共同构成了丰富多彩的生命世界。

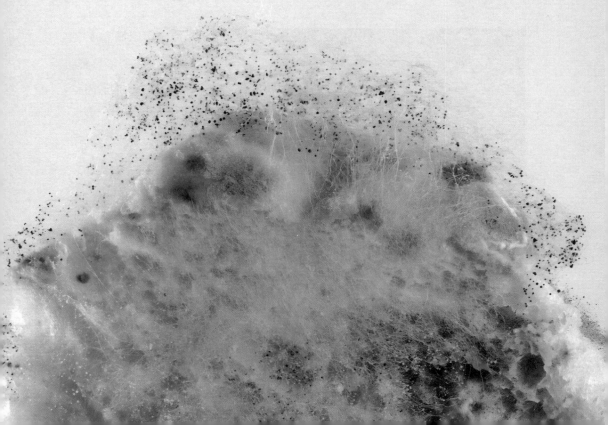

第一节 假如微生物消失了会怎么样

微生物是地球上最为丰富多样的生物资源，与人类生活密不可分。微生物还是生物中一群重要的分解代谢类群，缺少了它们，生物圈的物质能量循环将中断，地球上的生命将难以繁衍生息。

微生物包括哪几种？

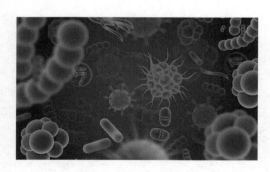

图1-1 各种微生物

微生物是一切肉眼看不见或看不清楚的微小生物的总称。它们是一些个体微小、构造简单的低等生物。从种类上说，微生物包括细菌、真菌、病毒和一些小型的原生动物等（图1-1）。

微生物的特征可以归纳为30个字：体积小、面积大、吸收多、转化快、生长旺、繁殖快、适应强、变异频、分布广、种类多。

大多数微生物都很小，100万个细菌不过芝麻大小，单个细菌凭肉眼根本看不到。但是，在地球30多亿年的绝大多数时间里，这些微生物是地球的主宰，它们几乎分布于地球的任何角落。它们掌握着整个地球上物质的转化过程，默默为所有的动植物打造适宜生存和成长的内在和外在环境。虽然人类知道微生物的存在已经数百年了，然而对它们的了解也不过近几十年的事。

链接生物课知识点：微生物存在的意义

细菌、真菌和病毒等微生物是生物圈中不可缺少的组成部分。它们与动植物共同组成了丰富多彩的生物世界。其中，作为分解者的细菌和真菌在生物圈的物质循环中起着重要作用。在与人类的关系上，细菌、真菌和病毒虽然具有有害的一面，但是纵观古今，从酿造业到现代生物技术以及对疾病的防治等，人类依靠这些生物资源维系着自身的生存，促进了社会的发展。

假如微生物消失了会怎么样？

地球上的各种微生物就像地球的"大管家"一样负责物质的分解和转化。假如有一天，地球上的微生物消失了，或者它们罢工了，生物圈的物质能量循环将中断，地球上将尸骨遍野，杂乱无章，地球上的生命将难以繁衍生息。因为没有了微生物的分解，所有动植物的尸体都将维持原样。不仅如此，动物们吃下去的食物因为没有微生物的帮助无法被"加工"成自身需要的营养物质，土壤中可被植物吸收利用的氮元素也越来越少，最终，所有的动植物在离开了微生物的帮助后都将面临灭亡。

跟地球上的所有生态系统一样，人体也是个生态系统，微生物是人体的分解者。在人的体表和体内，分布着数万亿个微生物，这些细菌、真菌、病毒和原生动物比人体自身细胞数量还多，并且它们编码的基因数量比人体自身的基因数量多数百倍。

第二节 为什么牛吃的是草，挤出来的是奶

在你的周围有数不清的细菌，甚至在你的体表和体内也有很多细菌。你能感受到它们的存在吗？

细菌的名字，像球菌、杆菌、链菌等，是根据什么来命名的？

图1-2 球状细菌

细菌有各种各样的形状。从形状上来说，细菌可以分为球状（图1-2）、杆状（图1-3）、链状（图1-4）、螺旋状（图1-5）等，长短大小都不一样。实际上，只要知道细菌的名字，我们通常就能知道它们的形状，比如大肠杆菌、幽门螺杆菌和嗜热链球菌。虽然形态不同，但它们的基本结构是相同的（图1-6）。

链接生物课知识点：细菌有着怎样的结构？

细菌是单细胞的个体。它和动植物的细胞不同，细菌虽有DNA集中的区域，却没有成形的细胞核，属于原核生物。此外，细菌有细胞壁（有些细菌的细胞壁外有荚膜，有些细菌生有鞭毛），却没有叶绿体。

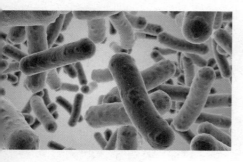

图1-3 杆状细菌

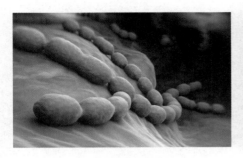

图 1-4　链状细菌

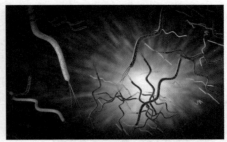

图 1-5　螺旋状细菌

细菌中还有一个类群是古菌，从名字上就知道它们是非常古老而独特的一个分支，主要分布于人类几乎到达不了的极端环境中，但在人的肠道和皮肤上也有分布。

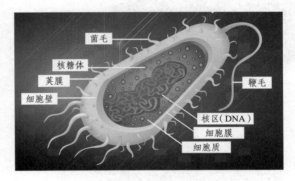

菌毛
核糖体
荚膜
细胞壁
鞭毛
核区（DNA）
细胞膜
细胞质

图 1-6　细菌的结构

细菌究竟有多小？

细菌没有细胞核，是原核生物，通常只有零点几到几微米大小，人的头发直径有 50~80 μm，几十个细菌摞起来才够一根头发丝的大小。大约 10 亿个细菌堆积起来，才有一颗小米粒那么大。所以，人类仅凭肉眼是根本看不到细菌的，只有用高倍显微镜或电镜才能观察到它们的形态。

细菌繁殖速度有多快?

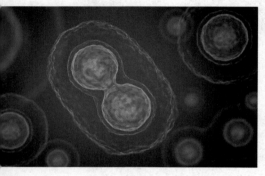

图1-7　细菌分裂

细菌的繁殖速度非常快。差不多每隔十几分钟,一个细菌就能分裂成两个(图1-7),两个再分裂成四个,进行指数级分裂。有人测算过,如果营养充足,一个大肠杆菌可以在一天内变成一百亿个。它们的繁殖方式跟动物不一样,动物是有性繁殖,细菌的繁殖方式是分裂,直接复制自己就可以了。一个细菌生长到一定阶段就会从中间分开,变成两个,然后这两个再分别继续生长,到一定阶段又分别开始分裂,周而复始地重复复制和分裂。

链接生物课知识点: 什么是芽孢?

有些细菌在生长发育后期,个体缩小,细胞壁增厚,形成芽孢。芽孢是细菌的休眠体,对不良环境有较强的抵抗能力。小而轻的芽孢还可以随风飘散,落在适宜的环境中,又能萌发成细菌。细菌快速繁殖和形成芽孢的特性,使它们几乎无处不在。

地球上究竟有多少种细菌?

地球上的绝大多数细菌是人类无法培养的,因此,以前人们认为细菌的种类多到数不尽。实际上,依靠现代基因测序技术估计,地球上的细菌只有数百万种。截至2016年,我们有效命名的细菌和古菌超过13 000种。

对人类有益的细菌有哪些？

从对人类的影响上，细菌被分为 3 类：有害菌、有益菌和中性菌。其中，人们对有益菌的了解不如有害菌多，人类发现的少数几种对人体有益的细菌主要有乳酸杆菌、双歧杆菌（图1-8）和芽孢杆菌，这也是目前最常见的益生菌。在食品和健康领域应用最多的细菌应当是乳酸杆菌了，人们饮用的酸奶就是主要由乳酸杆菌发酵制作的。

双歧杆菌　　　　　乳酸杆菌

图1-8　有益菌群

链接生物课知识点：什么是巴氏消毒法？

19 世纪 60 年代，法国酿酒从业者发现，啤酒在酿出后会变酸，就无法饮用了。法国化学家、微生物学家巴斯德发现让啤酒变酸的罪魁祸首是乳酸杆菌。简单的煮沸法虽然可以杀死乳酸杆菌，却也破坏了啤酒的品质。经过反复尝试，巴斯德发现用 50~60 ℃的温度加热啤酒半小时，既可以杀死啤酒里的乳酸杆菌，又能保证啤酒的品质不受影响，借此挽救了法国的酿酒业。这种低温灭菌法被称为"巴氏消毒法"。我们喝的袋装、瓶装牛奶（图1-9）就是采用巴氏消毒法进行灭菌的，所以能保存较长时间。随着技术的进步，人们还使用超高温灭菌法（高于100℃，但是加热时间很短，对营养成分破坏小）使牛奶的保质期达半年之久，纸盒包装的牛奶大多是采用这种方法进行灭菌的。

图1-9　巴氏消毒奶

再给大家补充一个知识点，生啤和熟啤什么区别？经过巴氏消毒法消毒的啤酒叫熟啤，是普通啤酒；不经过巴氏消毒法消毒，只能冷藏保鲜的啤酒是生啤。

大多数细菌属于中性菌，始终保持中立，在适当的条件下或者变为有益菌，或者变为有害菌。限于我们对细菌的了解，有害菌、有益菌和中性菌的界定并不十分清晰，同一种细菌可能游走于这三类之间，有益菌也许会"叛变"成有害菌，有害菌也可能"良心发现"变成有益菌，还有左右摇摆的中性菌。

最危险的细菌是什么？

人们对大多数细菌并没有好印象。我们听到的细菌的名字经常跟疾病联系在一起，比如肺炎链球菌、肺炎克雷伯菌、鼠疫杆菌、结核杆菌、霍乱弧菌、痢疾杆菌等。人们害怕细菌是根深蒂固的。历史上，因为细菌感染致死的人非常多，比如鼠疫杆菌引起的鼠疫，也就是我们熟知的黑死病，是人类历史上最严重的瘟疫（图1-10）。这种菌致死率极高，染病后几乎所有的患者都活不过3天。据统计，黑死

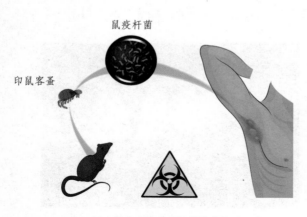

鼠疫杆菌

印鼠客蚤

图1-10　鼠疫（黑死病）的致病原理

病使欧洲约 2500 万人死亡，占当时欧洲总人口的 1/3。黑死病至少肆虐全球超过 300 年，感染黑死病死亡的总人数超过 2 亿。

> 细菌太小了，我们该怎么观察它们的种类，并且为我所用呢？

为便于观察和检测，可以在培养基中加入适于细菌生长的物质，制成培养基来培养。在培养基上，它们会迅速繁殖。一个细菌繁殖后形成的肉眼可见的集合体就是菌落。细菌的菌落比较小，表面或光滑黏稠，或粗糙干燥。根据菌落的大小、形态和颜色，可以大致区分它们的种类。

> 如何培养细菌？

培养细菌，首先要配制含有营养物质的培养基。琼脂是一种煮沸冷却后能胶化凝固的物质，是制作培养基常用的固化材料之一。选择牛肉汁（或土壤浸出液、牛奶）与琼脂混合在一起，可以制成培养基。配制好的培养基经过高温灭菌，冷却后就可以使用了。将少量细菌转移到培养基上的过程叫作接种。通常把接种后的培养皿放在保持恒定温度的培养箱中，也可以放在室内温暖的地方进行培养（图 1-11）。

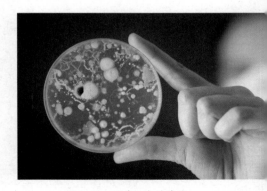

图 1-11　培养皿中的菌落

> 我们怎么判断细菌的种类？

以往对于细菌种类的鉴定主要通过其形态、生化特征等。当前，核糖体 RNA（rRNA）是细菌分类的主要依据。核糖体含有 3 种类型的 rRNA，分别是 23S、16S 和 5S rRNA。这 3 种 rRNA 就像 3 条刻有密码的铁链子。其中，16S 这条链子含有 1540 个铁环，一些铁环上带有重要的身份信息，代表了每一种细菌的名字，且非常稳定。

> 分子生物学方法，或者说基因测序方法，给细菌的分类带来了革命性的变化。这种方法是细菌核糖体小亚基 rRNA 的比较序列分析，也称为 16S rRNA 基因序列分析。

在实际应用中，一般在细菌 16S rRNA 编码基因中 V3~V5 的可变区设计一段细菌通用引物，通过 PCR（聚合酶链式反应）的方式扩增出所有细菌的 16S rRNA 片段，然后把所有细菌含有密码的铁链子中的一段信息通过高通量基因测序的方式给读取出来，再对每种细菌的这段信息进行分析，就能把细菌的名字给翻译出来了。

> 什么是"超级细菌"？它是如何产生的？

抗生素战胜细菌靠 3 个"武器"：抑制细胞壁或蛋白质的合成、干扰细菌 DNA 的合成和抑制其生长繁殖。细菌这种在地球上能存活 30 多亿年的物种，有亿万年不间断的进化能力，对环境具有非常强的适应能力。面对抗生素的威胁，细菌当然不会坐以待毙，耐药菌的出现就是它们进化的本能过程，是一种优胜劣汰的自然现象。细菌通过基因突变和改变自身结构等方式削弱抗生素的作用，一些细菌就这样活了下来，然后把本领传递给同伴及后代们。一传十，十传百，一代传一代，最终，细菌们对抗生素产生了耐药性。一种细菌对一种抗生素产生耐药性不是什么大问题，换一种抗生素来杀灭细菌就可以了。

但是，最可怕的是一些能耐比较大的细菌，它们可以对大部分抗生素产生耐药性，这种细菌就是"超级细菌"，如耐甲氧西林金黄色葡萄球菌（MRSA）（图1-12）和抗万古霉素肠球菌（VRE）可以让绝大多数抗生素都束手无策。

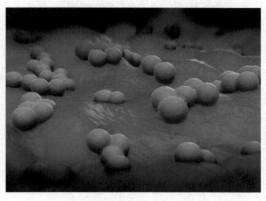

图1-12　耐甲氧西林金黄色葡萄球菌（MRSA）

　　目前为止，人类研发抗生素的速度已经赶不上耐药菌的产生速度了。有专家预测，在不久的将来人类会再次陷入没有抗生素可用的时代，人类对抗很大一部分疾病的能力可能会倒退回一百年前，一些轻微的、常见的细菌感染都有可能引起致命的后果。

为什么牛吃下去的是草，挤出来的是奶？

　　这种神奇的变化之所以能发生，也要归功于生活在牛身体内的细菌。细菌能够生产出很多将进入牛体内的草（图1-13）和其他食物加工成牛奶的"酶"，其中主要的"能工巧匠"是各种纤维素酶。奶牛的饲料主要以粗饲料牧草为主，这些粗饲料牧草含有大量的纤维素。纤维素是植物细胞壁的组成部分，随饲料

图 1-13 吃草的奶牛

进入奶牛消化道。奶牛消化道中的细菌能够产生纤维素酶来分解纤维素，产生更易被奶牛吸收的营养成分——单糖及一些小分子多糖，然后再通过一系列的代谢，成为蛋白质含量极高的牛奶。将细菌产生的不同的酶分离出来，就可以制备成各种不同的酶制剂。

动植物和微生物产生的许多酶都能制成酶制剂。与动植物产生的酶相比，用细菌发酵的方法来生产酶，具有产率高、质量稳定和易于规模化生产等优势。

酶制剂都有哪些用途？

虽然细菌能够产生各种各样的酶，但现在能生产的酶制剂只是其中很小的一部分，如枯草芽孢杆菌和地衣芽孢杆菌生产的淀粉酶、蛋白酶和脂肪酶，大肠杆菌生产的天冬酰胺酶等。淀粉酶在工业上的主要用途是将淀粉水解成为葡萄糖或其他糖。淀粉酶在医药上的用途是与蛋白酶和脂肪酶组合成"多酶片"，用于治疗消化不良。蛋白酶和脂肪酶也可以加入洗涤剂（图 1-14）中，用于清洗被蛋白质或油腻污染的织物。天冬酰胺酶则是一种抗肿瘤药物。天冬酰胺是细胞生长的必需物质，正常细胞可自行合成，但肿瘤细胞不能自己合成，必须依靠宿主供给。天冬酰胺酶可水解天冬酰胺，使肿瘤细胞缺乏天冬酰胺，从而起到抑制肿瘤细胞生长的作用，可以用于治疗恶性肿瘤。

图 1-14 洗涤剂

面包中间大大小小的孔洞是什么

日常生活中，你一定品尝过味道鲜美的蘑菇，见过使食品发霉的霉菌，听说过做馒头用的酵母，这些生物都属于真菌。目前已发现的真菌有 8 万余种，它们与人类的生活密切相关。

真菌有几种？

真菌是个大家族，通常被分为三类：酵母、霉菌和蕈菌（图 1-15）。前两种个头都比较小，用肉眼几乎看不到，第三种几乎都是大个头，并且大部分我们都很熟悉，就是人们常说的蘑菇。

图 1-15　大型真菌

真菌和细菌有何不同?

　　真菌是真核生物，细胞里面有一个细胞核，里面有密集的 DNA，比起细菌和病毒那些松散的 DNA 来，真菌细胞核内的 DNA 不仅多，而且有一层核膜包裹，就像有个专门的"司令部"一样，功能更多，也更高等。

　　在历史上，由于蘑菇等作为蔬菜被食用，并且经常跟植物生长在一起，很长一段时间，人们把它们当作植物。实际上，所有的真菌都没有叶绿素，不能进行光合作用，也不能自己制造养分，只能依附其他生物生存，所以，它们是典型的异养生物。

链接生物课知识点:什么是异养?

　　绝大多数细菌和真菌不能利用简单的无机物制造有机物，只能利用现成的有机物作为营养，这样的营养方式叫作异养。像植物那样自己制造有机物的营养方式叫作自养。

面包中间大大小小的孔洞是什么?

图 1-16　面包气孔

　　面包、馒头等都是发酵食品，利用的是酵母分解淀粉生成二氧化碳的能力，面包中间大大小小的孔洞（图 1-16）就是二氧化碳气体的杰作。酵母（图 1-17）是常用于酿造生产的一类真菌，可以算得上是人类利用最多、最充分的一类真菌。由于酵母能够发酵产生酒精和二氧化碳,我们喝的绝大多数酒、吃的绝大多数发酵面食都离不开酵母。酵母也是人类文明史中被应用得最早的微生物。啤酒、葡萄酒、黄酒和白酒等的酿造过程都需要酵母参与,把各种粮食或糖类转化成酒精。

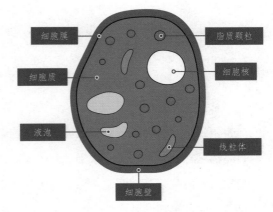

图 1-17　酵母的结构

常见的霉菌有哪些?

霉菌比酵母大,它们的宽度为 2~10 μm,身体呈长管状,特别像头发丝,也被称为丝状菌。根据它们的"长相"和"肤色",人们把霉菌分为根霉、毛霉、曲霉和青霉等。

霉菌十分常见,默默存在于我们身边,连空气中都含有大量霉菌的孢子。它们只要遇到合适的环境就会生根发芽,尤其喜欢温暖潮湿的地方。卫生间、水池下、阴凉的墙角等很容易长出一些绒毛状、絮状或蛛网状的菌落,有黄色、青色、白色等各种颜色(图 1-18)。

图 1-18　墙角的霉菌

面包上长的白色长毛是什么?

面包上长的"毛"实际上是毛霉(图1-19),具有毛状的外形。毛霉能产生蛋白酶,有很强的分解大豆等高蛋白含量食物的能力。日常生活中的很多食品都跟霉菌有关。一些水果蔬菜的腐烂也是由于感染了霉菌,比如橘子腐烂变软后的白色菌落,面包长毛之后的那些白色的或青色的毛毛。我们的祖先很早就开始利用霉菌生产美食了。中国的传统食品豆腐乳、豆豉、毛豆腐、臭豆腐等就是利用毛霉分解蛋白质产生氨基酸等鲜味物质的能力生产的。某些毛霉还具有较强分解碳水化合物的能力,可以把淀粉转化为糖,一些美味的发酵食物正是人们利用不同霉菌的特性生产的。

图1-19　面包片上的毛霉

食品工业中常用的霉菌,除了毛霉属之外,还有根霉属和曲霉属。根霉具有很强的糖化酶活力,能把淀粉高效分解为糖,是酿酒工业常用的糖化菌。曲霉属则具有非常强的分解有机物的能力,在酱、酱油、白酒、黄酒酿造等工业中得到广泛应用。

霉菌毒素是什么?

微生物给予人类味蕾馈赠之余,也带来了一些不太美好的东西,比如霉菌会产生霉菌毒素。霉菌毒素是霉菌在农作物和农产品中产生的一系列有毒次级代谢产物,是自然发生的最危险的食品污染物之一。霉菌毒素通过被其污染的食品或饲料进入人和动物体内,引起人和动物的急性或慢性中毒,损害机体的神经组织、造血组织、皮肤组织、肝脏及肾脏等,主要表现在神经和内分泌紊乱、免疫抑制、肝肾损伤、影响生育甚至致癌致畸等方面。

黄曲霉毒素是不是其中一种?

对。黄曲霉毒素是由黄曲霉和寄生曲霉产生的,是人类认识最早、了解最清晰的霉菌毒素(图1-20),分布十分广泛,对人类健康危害巨大。早在1993年,黄曲霉毒素就已经被世界卫生组织癌症研究机构划定为Ⅰ类致癌物,远远高于氰化物、砷化物和有机农药的毒性,是一种剧毒物质。除了毒性大,霉菌毒素的另一个可怕之处是稳定、极耐高温,一般的方法根本破坏不了它。随着人类对霉菌毒素认识的逐渐深入,各国对其监管越来越严格。

图1-20 发霉的玉米

助手的拖延症，让巴斯德发明了疫苗

从艾滋病、"非典"到新冠病毒感染，人人谈"毒"色变。据了解，约有60%的动物和人类疾病是由病毒感染引起的。病毒到底是怎样的一种生物呢？

病毒有哪/几种？

我们目前知道，人类的流感、艾滋病，动物的口蹄疫、鸡瘟，植物的烟草花叶病、萝卜花叶病等都是由病毒感染引起的疾病。在电子显微镜下，可以看到病毒的形态多种多样，但它们都没有细胞结构，而且比细胞小得多，只能用纳米来表示它们的大小。

病毒不能独立生活，必须生活在其他生物的细胞内。根据它们寄生的细胞不同，可以将病毒分为三大类：专门寄生在人和动物细胞里的动物病毒，如流感病毒；专门寄生在植物细胞里的植物病毒，如烟草花叶病毒；专门寄生在细菌细胞里的细菌病毒，也叫噬菌体，如大肠杆菌噬菌体。

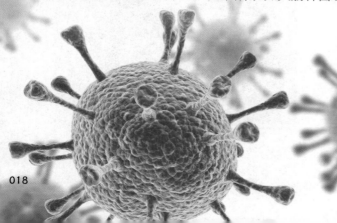

病毒与细菌、真菌相比，有什么区别？

病毒比细菌和真菌要小得多，直径在几十到几百纳米，大约是细菌的百分之一。从形状上来看，病毒与细菌类似，主要有球状、杆状、螺旋状等，还有比较特殊的，比如二十面体，像个人造卫星（图1-21）。

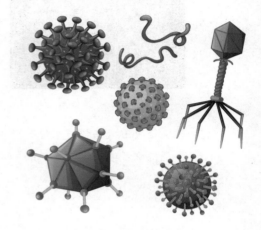

图1-21　各种形状的病毒

病毒的构造比较简单，比细菌和真菌低等，它由一个核酸长链和蛋白质外壳构成，没有自己的代谢机构，没有完整的酶系统（图1-22）。病毒是一种非细胞生命形态，因此病毒离开了宿主细胞，就成了没有任何生命活动、也不能独立自我繁殖的化学物质。它的复制、转录和转译的能力都是在宿主细胞中进行的，当它进入宿主细胞后，它就可以利用细胞中的物质和能量完成生命活动，按照它自己的核酸所包含的遗传信息产生和它一样的新一代病毒。

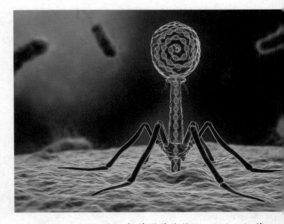

图1-22　大肠杆菌噬菌体将DNA注入细菌

链接生物课知识点：什么是冠状病毒？

冠状病毒（图1-23）是自然界广泛存在的一类病毒。在电子显微镜下可观察到其外膜上有明显的棒状粒子突起，其形态像皇冠，因此被命名为"冠状病毒"。引发新冠病毒感染的新型冠状病毒是以前从未在人体中发现的冠状病毒新毒株，是目前已知的第7种可以感染人的冠状病毒。引发非典型

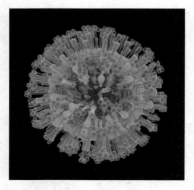

图1-23　冠状病毒

肺炎的SARS病毒和中东呼吸综合征的MERS病毒也都属于冠状病毒。

　　冠状病毒只感染脊椎动物，是人类及许多家畜、宠物疾病的重要病原体，可引发人和动物多种急慢性疾病。在全球，10%~30%的轻度或中度上呼吸道感染是由人冠状病毒引起的，在造成普通感冒的病因中占第二位。SARS病毒、MERS病毒和新型冠状病毒会引起较为严重的症状，还可造成急性呼吸综合征、肾衰竭，甚至死亡。冠状病毒具有高传染性和高隐蔽性的传播特征，每年秋冬和早春为疾病高发期。

　　　我们都知道，最早的免疫接种是从天花开始的，当中经历了怎样的过程？

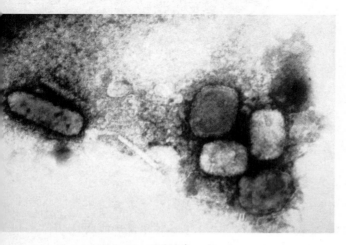

图1-24　天花病毒

　　天花是世界上传染性最强的疾病之一，是由天花病毒（图1-24）引起的极其凶险的烈性传染病。这种病毒繁殖快，能在空气中以惊人的速度传播。天花的病死率极高，一般可达25％，有时甚至高达40％。即使侥幸逃生，也会留下永久性的瘢痕或造成失明。

中国古代的人们发现，那些患过天花的幸存者可以长期或者终生不再得这种病，有的即使再得病，也比较轻微，不会导致死亡。他们从中得到了启发：对于某些疾病可以"以毒攻毒"，也就是在患病前服用或接触某种有毒的致病物质，可以使人体对这些疾病产生特殊的抵抗力。由此，11世纪的中国发明了用痘痂皮接种来预防天花。到17世纪，种痘技术有了较大的改进，不但在国内得到广泛的应用，而且传播到日本、朝鲜、土耳其和英国等许多国家。

> 用痘痂皮接种，就是所谓的"人痘接种"，是如何发展成现在的"种牛痘"呢？

所谓牛痘，就是一种温和的天花病，因为是在牛及其他牲畜体内发现的，故叫牛痘。英国的一个乡村医生爱德华·詹纳（Edward Jenner）在他居住的乡村观察到一个有趣的现象：凡是和牲畜打交道的人很少得天花。那些挤牛奶的女工认为得过牛天花后就不会再感染人天花，因此她们拒绝接种人痘。这件事让詹纳既吃惊又纳闷。

在中国种痘术的启发下，詹纳认为挤奶女工工作中接触到的牛痘使她们获得了一种抵抗力，这种抵抗力能使这些挤奶工免遭天花的侵袭。后来通过反复试验，他证实了自己的猜测。詹纳这套给人接种牛痘来预防天花的方法称为"种牛痘"。"种牛痘"很快传遍全球，后由葡萄牙商人传入我国，因为牛痘比人痘更为安全，我国民间因此也用"种牛痘"来预防天花。从此，"种牛痘"所到之处，天花便销声匿迹，全世界终于在20世纪70年代末彻底消灭了天花。

那时人们知道种痘可以预防疾病，是通过生活经验得出的结论，对其中的原理了解吗？

当时并不了解。因此，这个发明没能获得继续发展，停滞了将近 100 年。真正为传染病的预防开辟广阔前景的是法国化学家、微生物学家巴斯德。

1880 年，法国农村流行着可怕的鸡霍乱。所谓鸡霍乱是一种传播迅速的瘟疫，来势异常凶猛，家庭饲养的鸡一旦染上鸡霍乱就会成批死亡。巴斯德决心克服这种瘟疫。他用鸡软骨做成培养基成功地培养出鸡霍乱菌，当他将这种新培养出的病原菌的一小滴接种到健康的成年鸡身上后，鸡便会迅速死去，这说明新培养的病原菌与鸡的病原菌一样是有毒性的。

这时实验室里发生了一个偶然事件。巴斯德的一位助手由于疏忽，把本应按规定及时给健康鸡接种的细菌培养液放置了几个星期后才给鸡接种。那些鸡一开始像以往那样得了病，随后却发生了从未观察到的现象：它们不但没有死，而且康复了，并在鸡舍里活蹦乱跳。当巴斯德从助手那里了解到这个令人意外的结果时，他有了一个强烈的灵感：康复了的鸡再次感染病原菌会怎么样呢？巴斯德用新的细菌培养液再次感染以如此奇特方式存活下来的母鸡，结果是令人兴奋的——这些细菌培养液再也不会对鸡造成什么伤害了（图 1-25）。

图 1-25　养鸡场

是这些放置了一定时间的细菌培养液保护了鸡，使它们有了免疫力吗？

是的。巴斯德认识到，将新培养的病原菌保存一段时间，其毒性就会减弱，甚至完全消失。同时，巴斯德发现病菌在空气中放置的时间越长，毒性就会越弱。要是将毒性减弱后的病菌放到有利于它们生长的环境中，如人和动物体内，它们又会再度大量繁殖。不过，这种情况下繁殖出来的病菌的毒性已经很弱，不足以致病，反而能够刺激机体内的免疫系统产生抗体，这就是巴斯德发现的病原菌"人工减毒法"与接种免疫原理——毒力减弱的"敌人"是我们的朋友。巴斯德的人工减毒疫苗可以同詹纳种牛痘预防天花病相媲美，也真正发现了对付传染病的新武器——免疫预防，从而奠定了免疫学的基础。

狂犬疫苗好像也是巴斯德研制出来的？

是的。由于狂犬病病毒比一般细菌小得多，巴斯德当时无法将它分离并在人工培养基中加以培养。于是他试用活兔脊髓作培养基。此时一个 5 岁的小男孩因狂犬病去世，在男孩死后的 24 小时内，巴斯德从尸体嘴里取出唾沫加水稀释，然后分别注射到 5 只兔子的体内观察。不久，这些兔子都得了狂犬病死去。巴斯德又从一只病死的兔子身上抽取脊髓，装在一只微生物不能侵入的瓶子中，使其干燥萎缩。14 天后，再把干缩的脊髓取出，将它研碎，加水制成疫苗，注射到狗的体内。第二天再用干缩了 13 天的病脊髓注射进去，这样逐步加强毒性，连续注射 14 天，随后，过一段时间，再给狗注射致病的病毒，结果狗没有发病。就这样，巴斯德找到了一种切实有效的培养狂犬疫苗的方法。

　　同年 7 月，巴斯德在被疯犬严重咬伤的孩子身上进行了第一次疫苗接种。巴斯德用在干燥空气中保存了 15 天的兔脊髓提炼的疫苗进行注射，第一天他只用了很小的剂量，在往后的 10 天中又注射了 12 次，而且每天逐渐加大剂量。后来孩子逐渐康复，没有患狂犬病。用于人类的狂犬疫苗就此诞生，开创了狂犬病免疫预防的新时代。

　　接种疫苗是预防传染性疾病最主要的手段，也是最行之有效的措施。到目前为止，已有很多疫苗成功地用于免疫预防。

在疫苗发明之前，古人是如何对抗病菌的呢？

　　古代，人们对环境卫生的意识比较薄弱，预防与诊治疾病的能力相对低下，由细菌感染而引起的各种疾病，如霍乱、肺痨、痢疾……不仅影响病患的身体健康，而且有的传染病给人类带来了严重的危害。

　　那时人们不知道细菌是什么，更不了解细菌感染的本质是什么。在抵御各种疾病的过程中，人们学会了如何保护自己；在艰辛的探索和偶然的发现中，人们不断积累着宝贵的防治细菌感染的经验，比如用银器、铜器来杀菌和消毒。尽管用现代科学的眼光来审视这些方法和经验，好像其作用是微乎其微的，但当时有些方法确实在防治细菌感染中起着重要的作用，有的甚至在今天仍然发挥着作用，或启示着人类的抗菌斗争。

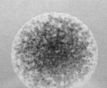

第二章

探奇微世界：
这些微生物天赋异禀

生物圈中充斥着各种各样的微小精灵，它们和动植物一起，共同构成了丰富多彩的生命世界。它们以多样的姿态呈现，能为人所用的同时，也可能给人类带来威胁。

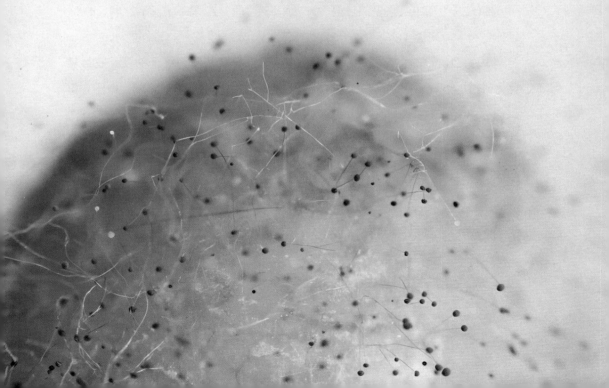

第一节　曲霉
——是美酒，也是毒药

发酵类的美食、美酒大都离不开它的贡献，它为人类奉献了丰富的发酵产品，但同时，其部分成员也给人类和动物的生命健康带来了极大的威胁。这就是曲霉。

> 说起曲霉，就会联想到酿酒，这个名字和酒有怎样的渊源呢？

曲霉是生活中最常见的真菌之一。曲霉的"曲"字，在古代写作"麹（qū）"，也作"麴"，来源于古人的谷物酿酒技艺。

从生物化学的角度看，谷物酿酒实际是淀粉被酶解为糖，糖再经发酵转化为乙醇的过程。根据淀粉酶来源的不同，谷物酒可以分为谷芽酒、曲酒和口嚼酒三种。谷芽酒使用谷物发芽时自身产生的淀粉酶，其中最为人所知的是啤酒（图2-1）。口嚼酒使用口腔中的唾液淀粉酶，略显重口味，日本动画电影《你的名字》中曾有所体现。曲酒使用的酒曲实际是微生物与谷物的混合物，淀粉酶主要来自其中的霉菌。

图 2-1　啤酒

> 酒曲可以说是中国古代劳动人民的伟大发明，我国的酿酒历史最早可以追溯到什么时候？

在新石器时代早期我国中原地区遗址（距今约 9000 至 7000 年）出土的小口鼓腹罐中，考古学家发现了形态与曲霉和根霉相似的霉菌的遗存，推测那时的先民已经能够"驾驭"谷物上自然生长的霉菌，使用酒曲来酿酒。汉代典籍《礼记》用简练的文字描述了酿造曲酒的六大注意事项，涉及原料选择、发酵剂制备、器皿清洁、温度控制等多个方面，俨然一份发酵操作指南。在"六必"的基础上，工业微生物学家方心芳先生曾将山西汾酒的酿造工艺总结为"七大秘诀"，酒曲的制作仍然是其中最重要的秘诀之一。

> 秫稻必齐，曲蘖必时，湛炽必洁，水泉必香，陶器必良，火齐必得。
>
> ——汉代典籍《礼记》
>
> 人必得其精，水必得其甘，曲必得其时，高粱必得其真实，陶具必得其洁，缸必得其湿，火必得其缓。
>
> ——工业微生物学家方心芳

> 说回曲霉，曲霉的拉丁名其实和酿酒无关？

曲霉是酒曲中常见的一类霉菌。在现代生物分类学的"门、纲、目、科、属、种"层级体系中，曲霉是一个属，拉丁名为 *Aspergillus*。这一名称来自意大利神父、生物学家皮耶尔·安东尼奥·米凯利（Pier Antonio Micheli），而与酿酒无关。米凯利在显微镜下看到曲霉分生孢子梗末端的顶囊以及其上着生的孢子，形状颇似神职人员洒圣水用的器具（aspergillum）（图 2-2），因此在1729年将其记录为 *Aspergillus*。曲霉属包含300多个种，其中很多与人类生活关系非常密切。

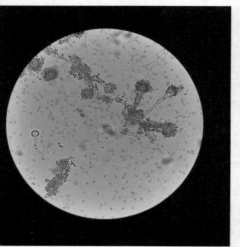 

图2-2　显微镜下的曲霉（左）与天主教洒圣水的器具（右）

> 曲霉家族中，和酿酒密切相关的米曲霉据说在日本应用已久，它有什么特点？

米曲霉（*Aspergillus oryzae*）（图2-3）是东亚地区传统酿造中常见的菌种，种名 *oryzae* 来自拉丁语中的"稻米"。米曲霉在日本应用广泛，不仅用来制作清酒，也广泛应用于日本酱油、味增等发酵食品的生产（图2-4），对日本文化产生了深远影响，2006年曾被日本酿造协会认定为"国菌"。

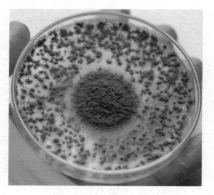

图2-3　米曲霉

在日本清酒的制作中，首先将清酒米碾磨、蒸熟，然后均匀洒上米曲霉，发酵制成米曲（图2-5）。米曲霉分泌的淀粉酶将米粒中的淀粉水解为糖，用于后续酵母的发酵。1894年，日本化学家高峰让吉（Takamine Jokichi）从米曲霉中提取的"高峰淀粉酶"（Taka-diastase）获得了美国专利，用于改善消化不良的症状，这被认为是最早的蛋白药物。高峰淀粉酶的主要组分之一是α-淀粉酶，与人唾液淀粉酶、淀粉制糖使用的细菌α-淀粉酶具有类似的结构和功能。

图2-4　米曲霉制作的日本清酒（左）、味增（中）、酱油（右）

图2-5　米曲

我国的酿造工艺中使用米曲霉吗？

与日本常用的纯种发酵有所不同，我国传统酿造一般使用微生物菌群进行混合发酵，并且善于利用自然气温变化来控制微生物的生长。例如，古法酱油酿制讲究"春曲、夏酱、秋油"。目前，我国酱油酿造企业已经普遍使用米曲霉纯种发酵代替古法的混合发酵。米曲霉产生的蛋白酶能将黄豆中的蛋白质水解为氨基酸和短肽，产生鲜味。

米曲霉能够合成多种次级代谢产物，其中曲酸（kojic acid）有美白作用，是高丝（KOSÉ）等日系化妆品的常用原料。在特定的培养条件下，米曲霉自身合成的次级代谢产物比较少。由于代谢物"背景"比较干净，加之遗传操作体系成熟，米曲霉已被作为底盘细胞广泛用于真菌天然产物合成的研究。

国内最常使用的米曲霉菌株被称为"沪酿3.042"，由上海酿造实验工场林祖申等人于1967年采用紫外线诱变和高蛋白驯养方法获得，其前身来自福建省永春县的酱油曲。天津科技大学曹小红教授团队对用沪酿3.042和日本米曲霉RIB40酿造的酱油进行了比较，发现RIB40淀粉酶活性较高，因此酿出的酱油醇香风味突出，而采用3.042制曲酿出的酱油含有更多的酯类风味物质，酯香浓郁绵长。

曲霉家族中，给我们人类带来福利的可不止米曲霉一种，再来说说土曲霉，为什么叫这个名字呢？

土曲霉（*Aspergillus terreus*）最早于土壤中分离得到，种名 *terreus* 来自拉丁语的 *terra*，是"土、地"的意思。1999年，美国国家宇航局将其发射的第一颗地球全面观测卫星也命名为 Terra。

土曲霉能够合成另一种有机酸——衣康酸（itaconic acid），它是由柠檬酸经乌头酸酶催化脱水、顺乌头酸脱羧酶催化脱羧两步反应产生的。辉瑞（Pfizer）公司于 20 世纪 50 年代最早使用深层发酵的方法生产衣康酸。衣康酸含有两个羧基和一个不饱和双键，独特的结构使它能够发生多种化学反应，用于腈纶、橡胶、碳纤维等聚合材料的生产，是为数不多的能在化工界占据一席之地的微生物发酵产品。北京化工大学张立群院士团队成功合成了官能化衣康酸酯 - 丁二烯橡胶并试制成轮胎，成为生物基产品取代石化产品的典范。

为什么说土曲霉是高血脂患者的福音?

土曲霉最为人所知的产物是降血脂药物洛伐他汀（Lovastatin）。1973 年，日本三共制药公司（Sankyo，由分离米曲霉淀粉酶的高峰让吉创立）的科学家远藤章（Endo Akira）从桔青霉（*Penicillium citrinum*）中分离出了后来被称为美伐他汀（Mevastatin）的化合物。美伐他汀能够竞争性地抑制胆固醇合成过程的限速酶——羟甲基戊二酰辅酶 A（HMG-CoA）还原酶，从而降低高胆固醇血症患者的胆固醇浓度。在远藤章工作的基础上，美国默沙东（Merck Sharp & Dohme）公司的阿尔弗雷德·艾

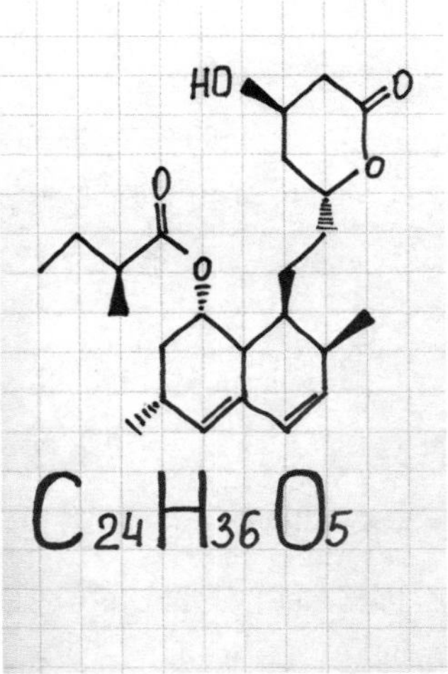

图 2-6　洛伐他汀的化学式

伯茨（Alfred Alberts）等人于 1978 年从土曲霉中分离出了与美伐他汀结构类似的美维诺林（Mevinolin），它后来成为首个商品化的他汀类降血脂药物——洛伐他汀（图 2-6）。

洛伐他汀以及与它结构类似的辛伐他汀、阿托伐他汀、瑞舒伐他汀等已经成为治疗高血脂的一线药物。在"三高"老年人的药箱里，常能见到一种他汀类药物。其中，辛伐他汀（Simvastatin）合成的原料是不含有 2- 甲基丁酰侧链的莫纳可林 J（monacolin J），后者长期以来通过洛伐他汀碱水解制备，工艺复杂且存在污染。中国科学院青岛生物能源与过程研究所吕雪峰团队通过对产洛伐他汀工业菌株进行代谢工程改造，成功地在土曲霉中实现了莫纳可林 J 的直接高效积累，打通了辛伐他汀的全生物合成技术路线。

> 土曲霉给人类贡献了衣康酸和洛伐他汀两大礼物。用吕雪峰研究员的话来说，土曲霉一点儿也不"土"。

> 米曲霉、土曲霉都对人类有很大贡献，听说还有一种叫烟曲霉的，对人类就没这么友好了，它具体有哪些危害？

其实，曲霉也是常见的条件致病性真菌。侵袭性曲霉病（aspergillosis）的危害巨大，是器官移植病人死亡的重要原因。烟曲霉、黄曲霉、黑曲霉、土曲霉等都可能引起曲霉病，其中烟曲霉（*Aspergillus fumigatus*）（图2-7）最为普遍。德国医生乔治·费森尤斯（George W. Fresenius）最

图2-7 在培养皿上长大的烟曲霉

早于 1863 年将从病人肺部分离的曲霉命名为"烟曲霉"，种名 *fumigatus* 来自拉丁语中的"烟"，用来形容其烟灰色的孢子梗。

那人们闻了就会生病吗？

其实我们身边的空气中散布着各种真菌的孢子，绝大部分人吸入孢子后不会出现不适，但如果免疫能力低下或者患有肺部疾病，就可能因为吸入真菌孢子引起超敏反应、呼吸系统感染等。因此，生活中应该避免在农田、谷堆、废弃建筑物等地吸入大量尘埃，也不要养成闻臭袜子等"恶趣味"（图 2-8）。

图 2-8　闻臭袜子可导致肺部感染

烟曲霉的最适生长温度为 37 ℃，具有比较强的耐热性。它对人类和动物的侵染能力与其分泌的蛋白酶、毒素等毒力因子有关。其中，蛋白酶能将宿主的蛋白质水解，将肺部组织残忍地变成烟曲霉的培养基（图 2-9）。烟曲霉感染者出现的咳嗽、咳痰、喘息、肺部阴影等与感冒、肺结核等的症状有相似之处，因此在临床上，需要有经验的大夫及时安排检测，发现病原，以免发生误诊。

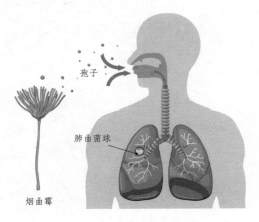

孢子

肺曲菌球

烟曲霉

图 2-9　曲霉病的致病过程

感染烟曲霉后可以治愈吗？

从 20 世纪 50 年代起，由链霉菌产生的制霉菌素（nystatin）和两性霉素 B（amphotericin B）陆续应用于抗真菌治疗。目前，能够抑制麦角固醇（真菌细胞膜主要成分之一）合成的唑类药物常用于曲霉感染的治疗。然而，国内外均已出现了对唑类产生耐药性的烟曲霉菌株，值得警惕。

在过去相当长的一段时间里，人们对真菌感染性疾病是束手无策的。法国一位外科医生曾在 1791 年发表于《外科学》（*Journal de Chirurgie*）杂志的一篇论文中详细记录了一名发生严重口鼻真菌感染的年轻士兵，以及通过灼烧方法将他治愈的过程。可想而知，这位勇敢的士兵经历了多么巨大的痛苦。

曲霉家族中，我们还经常听说黄曲霉、红曲霉和黑曲霉，它们是按颜色命名的吗？

是的。黑曲霉（*Aspergillus niger*）的孢子含有黑色素（melanin），种名 *niger* 在拉丁语中即表示黑色。在食品、饮料的配料表上，常常可以看到柠檬酸和果葡糖浆的身影，它们的制造过程都有黑曲霉的贡献。

黄曲霉（*Aspergillus flavus*）的菌落表面呈黄绿色，种名 *flavus* 在拉丁语中意为"黄色的、金色的"。生物化学中一些词头为 flav- 的化合物也与其可呈现黄色有关，如黄酮（flavone）、黄素（flavin）等。

红曲霉能够产生红色素，常见的种有紫红曲霉（*Monascus purpureus*）、
红色红曲霉（*Monascus ruber*）等（表2-1）。

表 2-1　几种曲霉的特点

种类	拉丁名	颜色	用途或特点
黑曲霉	*Aspergillus niger*	黑色	制作柠檬酸、果葡糖浆等
红曲霉	*Monascus purpureus* 等	红色	腐乳等发酵食品
黄曲霉	*Aspergillus flavus*	黄色	有强烈的毒性和致癌性

先说黑曲霉，它和柠檬酸有什么关系？

黑曲霉（图2-10）可以用来制造柠檬酸。柠檬酸又被称为枸橼酸，含有三个羧基，温和爽口，是食品领域用量最大的酸味剂。此外，柠檬酸在洗涤、医药、化工等行业也有广泛应用，全球年产量超过200万 t，是当之无愧的第一大有机酸品种。

20世纪初，柠檬酸主要是通过石灰沉淀、硫酸回收的方法从柠檬、酸橙等水果中提取的。1917年，美国食品化学家詹姆斯·柯里（James Currie）发现黑曲霉能够以蔗糖为碳

图 2-10　面包上的黑曲霉

源大量产生柠檬酸。当时一般认为，黑曲霉能够产生草酸而不是柠檬酸。柯里的实验结果显示，黑曲霉产生柠檬酸需要合适的培养条件，包括低 pH、高糖、合适种类与浓度的氮源等，而前人使用的条件并不适合柠檬酸的积累。柯里还使用浅盘进行液体表层发酵，使得黑曲霉能够获得充分的氧气供应。

据说当年辉瑞就是靠它进一步发展壮大的？

可以这么说。辉瑞（Pfizer）公司敏锐地意识到柯里研究成果的重要性，聘请他继续研发，于 20 世纪 20 年代实现了柠檬酸的大规模发酵生产。彼时的辉瑞还是一家化学品公司，为可口可乐等客户供应柠檬酸是其重要业务。一战期间，从欧洲进口用于提取柠檬酸的水果受到限制。黑曲霉发酵技术解决了柠檬酸生产的原料问题，使辉瑞公司在柠檬酸市场占据了主导地位。

柯里的助手贾斯伯·凯恩（Jasper Kane）当时只有 16 岁，他后来将表面发酵升级为效率更高的深层发酵，用于葡萄糖酸等的生产。二战期间，辉瑞凭借凯恩的深层发酵技术在青霉素的生产中大放异彩。

据说在果葡糖浆逐渐取代蔗糖的过程中，黑曲霉也功不可没？

除了产酸，黑曲霉也是产酶的高手。20 世纪中叶起，黑曲霉在产酶方面的能力逐渐受到重视。目前，黑曲霉已经用于淀粉酶、葡萄糖氧化酶、半纤维素酶、果胶酶等多种酶制剂的工业化生产，葡萄糖淀粉酶（glucoamylase）是其中最重要的品种之一。在葡萄糖淀粉酶和它的"队友"的共同努力下，来自淀粉的糖以其价格低廉等优势于 20 世纪 70 年代迅速崛起，目前在饮料、发酵等行业已经取代了蔗糖的"霸主"地位。

酶催化"接力赛"

在以淀粉（主要是玉米淀粉）为原料生产葡萄糖的过程中，淀粉通常首先被细菌来源的α-淀粉酶在100℃左右的高温下切断为短链糊精，糊精再被葡萄糖淀粉酶水解为葡萄糖。一部分葡萄糖可以继续被葡萄糖异构酶转化为甜度更高的果糖，浓缩后就得到了果葡糖浆。果葡糖浆口味清爽，在果汁、可乐、糕点、蜜饯等食品中被广泛用作甜味剂。在这场酶催化的"接力赛"中，黑曲霉负责"第二棒"葡萄糖淀粉酶（习惯上称为糖化酶）的生产。

黄曲霉好像就没有黑曲霉这么受欢迎了，一直被当成"超级毒素制造者"，人们最开始是怎么发现的呢？

1960 年，英格兰农庄的 10 万只火鸡在几个月内相继死亡，这种不明原因的怪病被称为"火鸡 X 病"。科学家研究发现，火鸡惨死的原因是食用了受黄曲霉毒素（aflatoxin）污染的花生饼。后来，黄曲霉毒素引起的人和畜禽中毒事件又在世界各地有多起报道。

黄曲霉毒素 B_1（简称 AFB_1，因在紫外线照射下发出蓝色荧光而命名为"B"）具有强烈的毒性和致癌性，主要危害肝脏，是世界卫生组织癌症研究机构认定的 I 类致癌物。有研究发现，AFB_1 污染分布与肝癌高发区具有高度的相关性。

哪些食物容易受黄曲霉污染呢？加热可以使其分解吗？

图 2-11　果酱表面的黄曲霉

图 2-12　发霉的玉米

黄曲霉（图 2-11）常见于发霉的粮食和坚果，如玉米（图 2-12）、花生、核桃，尤其在热带和亚热带，潮湿温暖的气候非常适合黄曲霉的生长。黄曲霉毒素不仅毒性强，而且非常稳定，巴氏消毒和常规的烹调加热都无法使它分解。因此，即便有些发霉的食物上生长的未必是黄曲霉，保险起见也要坚决整个丢掉。

扔掉发霉的食物，就可以确保万无一失了吗？

不一定。即便不吃发霉的食物，在黄曲霉毒素问题上也可能"躺枪"。AFB_1 可以被动物体内的 P450 酶代谢成同样剧毒的黄曲霉毒素 M_1（简称 AFM_1，M 来自英文"代谢"一词）等物质，因此，吃了被黄曲霉毒素污染的饲料的奶牛挤出的牛奶也有毒性。多年来，黄曲霉毒素超标奶粉屡被检出。我国食品安全国家标准规定，鲜乳和乳制品中 AFM_1 的含量不能超过 $0.5\,\mu g/kg$。

虽然黄曲霉恶名昭著，但它其实跟米曲霉是近亲。二者的序列相似程度极高，以至于常用于真菌物种鉴定的内转录间隔区（internal transcribed spacer，简称 ITS）序列都无法将它们区分开。目前分离到的米曲霉菌株均不产生黄曲霉毒素，但 PCR 和测序结果显示，它们中的很多菌株实际上也含有负责合成黄曲霉毒素的基因簇，只不过这些基因发生了不同形式的序列突变。有观点认为，米曲霉是由黄曲霉人工驯化得到的。

自然界分离到的一部分黄曲霉菌株也不产生黄曲霉毒素。将这些菌株的孢子应用到田间，让它们与产毒菌株"自相残杀"，可以防治作物的黄曲霉毒素污染。

红曲霉也是曲霉吗？现在很多人会自己购买红曲腌制腐乳。

红曲霉在东方传统酿造中已经有一千多年的应用历史。红曲在我国古代也被称为丹曲，可以酿酒、腌肉，也是药食同源的食品。明代李时珍在《本草

图 2-13 使用红曲霉制作的红方腐乳

纲目》中记载了以大米为原料制作红曲的方法，称其"鲜红可爱""乃人窥造化之巧者也"。今天，红曲霉仍然被广泛应用于红方腐乳（图 2-13）等发酵食品的生产。

这里要强调一点，红曲霉其实不是曲霉，是独立于曲霉属、与之并列的一个属。从形态学角度来说，红曲霉不具有曲霉属真菌典型的顶囊结构和辐射状分生孢子。法国植物学家蒂盖姆在 1884 年根据对显微镜下红曲霉单个子囊结构的观察，将其命名为 *Monascus*。

> 红曲的应用也十分广泛。除了腐乳，红曲酒也是用它来酿的吧?

是的。红曲霉能够产生淀粉酶，在我国东南沿海省份用于酿制红曲酒。一部分红曲霉能够分泌催化己酸和乙醇合成己酸乙酯的酯酶，而己酸乙酯是泸州老窖等浓香型白酒的主体致香成分。在浙江省温州市等地，世代流传着"乌衣红曲"的制作技艺。这种酒曲是将红曲霉与糖化能力更强的黑曲霉按比例接种制成的混合曲，堪称古代的"人工设计菌群"。红曲霉也能够产生丰富的次级代谢产物，其中黄色素、红色素作为天然食品着色剂（图 2-14）已实现了工业化生产。远藤章在分离出美伐他汀以后，也独立于默沙东公司从红色红曲霉中分离出了洛伐他汀，基于红曲霉的属名将其命名为莫纳可林 K（monacolin K）。远藤章的发现一定程度上为传统记载中红曲"活血"的功能提供了解释，得到红曲生产厂家的大力宣传。

图 2-14 红曲粉

曲霉未来还有哪些应用前景?

　　曲霉属真菌具有强大、多样的初级和次级代谢能力，我们的先辈利用曲霉等真菌发明了堪与"四大发明"媲美的制曲酿造技术，对东亚地区的文化产生了深远影响。现代发酵产业兴起于西方，但我国后来居上，当前生物发酵产品总量已位居世界首位。在短短十几年的时间内，山东省建立起了全球最大的柠檬酸、葡萄糖酸钠、衣康酸生产基地。展望未来，由曲霉等微生物支撑的发酵产业必将继续服务于食品工业的高质量发展，并在医药、化工等领域为人类做出更大的贡献。

第二节 黏细菌
——黏糊糊，但好用

有这么一种细菌，它能分泌鼻涕般的黏液，像细菌界的狼一样，将其他微生物"一口吃掉"，它就是黏细菌。

之所以叫黏细菌，是因为它很"黏"吗？

可以这么理解。黏细菌可以分泌黏液。黏细菌靠着黏液聚集在一起，在固体表面可以滑行，同时像"鼻涕"般的黏液也可以将其他细菌细胞黏附在自己范围之内。黏细菌属于细菌界、黏细菌门，目前有 31 个属、100 多个种（图 2-15）。

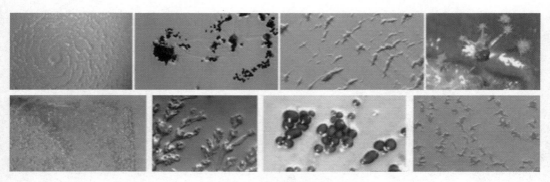

图 2-15 丰富多彩的黏细菌

【图片来源：MOHR K I. Diversity of Myxobacteria-We Only See the Tip of the Iceberg[J]. Microorganisms，2018，6(3). 】

> 为什么说黏细菌是"捕食性细菌"？它是怎么"吃掉"其他微生物的？

黏细菌的确是捕食性细菌，它以其他微生物为食物。黏细菌的食谱包括各类细菌、线虫，甚至还可以裂解真菌。靠着"人多力量大"的策略，黏细菌聚集起来分泌大量裂解酶，将周围被黏附的细菌细胞杀死、裂解，吸收它们的养分（图 2-16）。黏细菌就像是细菌世界的狼，因此黏细菌的捕食策略被称为"狼群捕食"（wolf-pack attack）。

> 这么看来，黏细菌还是"食肉动物"？

一部分黏细菌是"食肉动物"，也有一部分是"素食主义者"。一些类群不以其他细菌为食物，而是爱吃纤维素，这一类黏细菌通常生活在树皮和腐烂的植物上。在很多食草动物的粪便中，也容易找到这类黏细菌。黏细菌的分布环境除了土壤，还包括海洋和淡水。

图 2-16　黏细菌菌落（左）和大肠杆菌菌落（右）共培养的延时摄影，
黏细菌慢慢将大肠杆菌菌落吃掉

【图片来源：BERLEMAN J E, CHUMLEY T, CHEUNG P, et al. Rippling is a predatory behavior in *Myxococcus xanthus*[J].
J Bacteriol, 2006, 188(16): 5888-5895.】

> 还有一种叫黏菌，和黏细菌差一个字，这俩是一回事儿吗?

不是一回事儿。黏细菌属于细菌，是原核生物。黏菌属于蕈菌，是真核生物（表2-2）。这个要从第一个发现黏细菌的人说起。1892年，科学家撒克斯特（Thaxter）成为第一个准确描述黏细菌的人。他发现番红软骨霉状菌（*Chondromyces crocatus*）其实是一种细菌，并且发现了它短杆状的单细胞（图2-17）。在以上发现前20多年，人们一直认为橙黄色软骨霉状菌是黏菌的一种。

表2-2　原核生物和真核生物的区别

项目	原核生物	真核生物
细胞大小	较小（1~10 μm）	较大（10~100 μm）
细胞结构	细胞壁不含纤维素，主要成分是肽聚糖；细胞器只有一种，即核糖体；细胞核没有核膜、核仁、染色质（体），但有核物质，叫拟核	细胞壁的主要成分是纤维素和果胶；有核糖体、线粒体、内质网、高尔基体等多种细胞器；细胞核有核膜、核仁、染色质（体）
主要细胞增殖方式	二分裂	有丝分裂、无丝分裂、减数分裂
生殖方式	无性生殖（多为分裂生殖）	有性生殖、无性生殖
进化水平	低	高
举例	细菌、蓝藻、放线菌、衣原体、支原体	酵母等真菌、衣藻、高等植物、动物

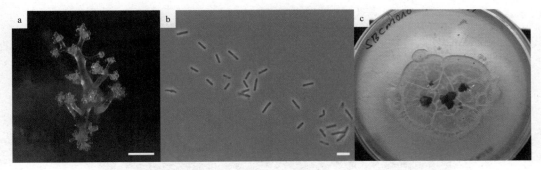

图 2-17　软骨霉状菌漂亮立体的子实体（a）（标尺 200 μm）、杆状营养细胞
（b）（标尺 10 μm）和在培养平板上的菌落形态（c）（培养平板直径 9 cm）

［图片来源：ROSENBERG E，LONG E F D，LOY S，et al. The prokaryotes: Deltaproteobacteria and
epsilonproteobacteria[M]. 2014.］

为什么会出现这样的偏差？

　　因为黏细菌在营养匮乏的生长环境中可以形成人们肉眼可见的"子实体"，
子实体可以在树皮、土壤等表面形成，乍一看上去就像是奇奇怪怪、还没有
长大的"蘑菇"，这一特点和黏菌非常相似，所以人们弄混了。后来人们才知道，
黏细菌子实体就是由成千上万的单个原核杆状细胞经过聚集、分化而形成的
一个个形态各异的"袋子"，里面包裹着无数黏孢子（图 2-18、图 2-19）。
黏孢子就像是种子，在环境适宜的时候，会"萌发"变成杆状的细胞，继续
生活下去。因此，黏细菌可以耐受很多恶劣环境，如高温、辐射、干旱等。

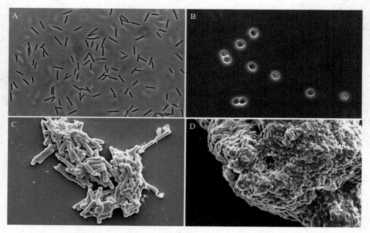

A. 黏球菌纲营养细胞长杆状；B. 黏孢子大而圆，且具有折光性；C. 多囊菌纲营养细胞短杆状；D. 黏孢子短杆、钝圆，与营养细胞相似

图 2-18　黏球菌纲、多囊菌纲的营养细胞和黏孢子形态

【图片来源：A&B.GARCIA R, MÜLLER R. The Family *Myxococcaceae*[J]. Springer Berlin Heidelberg, 2014. C&D.WANG J, RAN Q, DU X, et al. Two new *Polyangium* species, *P. aurulentum* sp. nov. and *P. jinanense* sp. nov., isolated from a soil sample[J]. Syst Appl Microbiol, 2021,44(6):126274.】

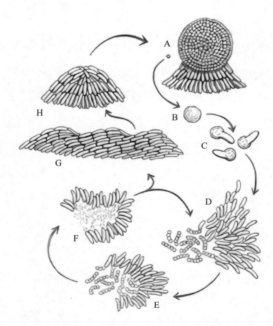

图 2-19　杆状营养细胞经过聚集、分化最终形成黏细菌子实体的过程

【图片来源：GOLDMAN B S, NIERMAN W C, KAISER D, et al. Evolution of sensory complexity recorded in a myxobacterial genome[J]. Proc Natl Acad Sci U S A, 2006,103(41):15200-15205.】

既然黏细菌能捕食其他微生物，又能耐受很多恶劣环境，是否可以为我们所用？

医药领域

在过去的 40 年里，科学家从 9000 多株黏细菌中发现了超过 100 种新颖碳骨架的次级代谢产物（图 2-20），这些代谢产物具有抗真菌、抗细菌、抗病毒、抗疟疾、抗肿瘤和抗免疫调节等作用。目前从堆囊菌属黏细菌发掘的埃博霉素已经被应用于乳腺癌的临床治疗。

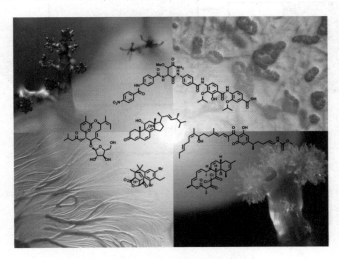

图 2-20　黏细菌和它的部分代谢产物

【图片来源：HERRMANN J, FAYAD A A, MÜLLER R. Natural products from myxobacteria: novel metabolites and bioactivities.[J]. Natural product reports, 2017, 34(2).】

工业生产

黏细菌还会产生多种水解酶，包括淀粉酶、几丁质酶、纤维素酶、脂肪酶、果胶酶、蛋白酶、木聚糖酶。有些水解酶还具有降解毒素的作用，如从黏球菌属黏细菌橙色黏球菌（*Myxococcus fulvus*）的蛋白粗提物中获得的黄曲霉素降解酶。这些降解大分子的酶，可被应用于工业生产。

污水处理

　　此外，工业污水处理问题关系到人类和环境健康，现有的污水处理多是利用微生物发酵池进行去污，活性污泥存在着无数的微生物，这些微生物与污水共同发酵实现去污，黏细菌就是其中一员。现有研究表明，黏细菌在污水处理过程中能够稳定存在且是一类优势菌，可能在污水有害物质降解的过程中发挥重要的作用（图 2-21）。

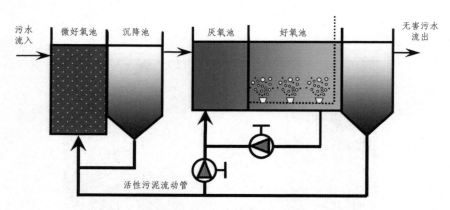

图 2-21　活性污泥原位还原法处理污水工艺示意图

【图片来源：ZHOU Z, QIAO W, XING C, et al. A micro-aerobic hydrolysis process for sludge in situ reduction：performance and microbial community structure[J]. Bioresour Technol, 2014, 173：452-456. 】

农业病害治理

　　针对黏细菌能够捕食其他微生物、形成孢子和耐受恶劣环境的这些特点，黏细菌可以被用来治理很多顽固的农业病害，如珊瑚球菌属黏细菌 EGB 菌株通过调控黄瓜根系的菌群结构防治黄瓜枯萎病等（图 2-22）；珊瑚球菌属黏细菌能够抑制稻瘟病真菌（*Magnaporthe oryzae*）的孢子萌发（图 2-23）。因此，黏细菌在农业、生物医学和环境保护中均具有广泛的应用潜力。

a. 未使用任何治疗措施；b 和 c 是分别施加了珊瑚球菌属黏细菌培养液和孢子发酵料一个月后的黄瓜秧苗，
病情有所改善

图 2-22　温室黄瓜苗两年田地实验

【图片来源：YE X, LI Z, LUO X, et al. A predatory myxobacterium controls cucumber *Fusarium* wilt by regulating the soil microbial community[J]. Microbiome, 2020, 8(1).】

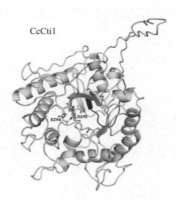

图 2-23　抑制稻瘟病真菌（*Magnaporthe oryzae*）的几丁质水解酶 CcCti1（来自珊瑚球菌属黏细菌）
结构模型

【图片来源：LI Z, XIA C, WANG Y, et al. Identification of an endo-chitinase from *Corallococcus* sp. EGB and evaluation of its antifungal properties[J]. Int J Biol Macromol, 2019, 132: 1235-1243.】

黏细菌既然有这么高的价值，为什么感觉现在实际应用得并不广泛？

虽然黏细菌在各种生态环境中广泛存在，但是由于黏细菌分泌黏液，容易沾染杂菌，并且黏细菌具有细胞密度依赖性，通过传统稀释涂布平板法在内的分离技术不能获得黏细菌等原因，黏细菌分离纯化耗时耗力。从自然环境中获得一株纯净的黏细菌菌株通常需要几个月，甚至几年时间。

现有的分离方法主要为富集诱导法，即利用黏细菌能够运动和捕食的特点，进一步纯化获得菌株。目前所获得的黏细菌种类不足自然环境中实际存在的 10%，因此黏细菌资源及相关分离技术的研究一直以来是黏细菌研究中非常重要的部分。

除此之外，黏细菌庞大的基因组（9-16 Mb）、黏细菌之间的相互识别和运动、捕食机制，以及黏细菌在恶劣环境下发育形成子实体的生活模式，使得黏细菌成为研究捕食性微生物以及原核生物进化的良好模式菌。未来，黏细菌必将创造更多的科研和应用价值。

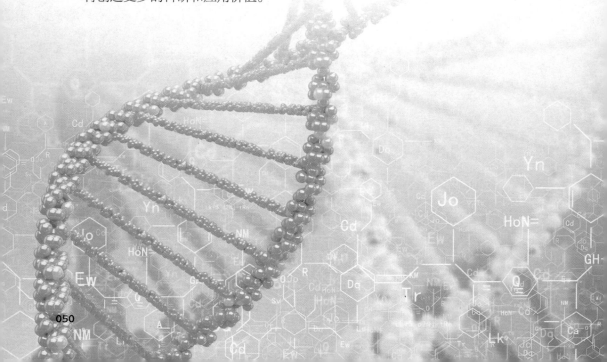

第三节 结核分枝杆菌
——感染了世界1/3人口

"面色苍白、身体消瘦、一阵阵撕心裂肺的咳嗽声……"19世纪的小说和戏剧中不乏这样的描述。结核病在欧洲和北美大肆流行，带走了无数的杰出人物，甚至影响了诗人和艺术家的思想。大多数人都曾被该病夺走亲人和朋友，直至导致结核病的罪魁祸首被发现——它就是结核分枝杆菌。

> 结核病大家都知道，曾是世界上最致命的细菌感染，人们是什么时候发现结核病是结核分枝杆菌导致的呢？

结核分枝杆菌（图2-24）由德国医生和细菌学家罗伯特·科赫（Robert Koch）在1882年首次分离，科赫于同年3月24日在柏林生理学会上宣布结核病是由结核分枝杆菌引起的。自此，每年导致超过140万人死亡的结核病的发病原因被人类揭开，也为诊断和治愈这种疾病点亮了希望之灯。

这类疾病主要发生在肺部，这类病人的肺内有一个个坚实的团块，西方科学家将这种病称为Tuberculosis，即结节的意思，这便是结核病命名的由来。

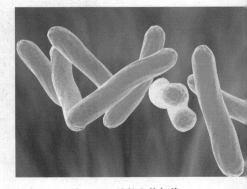

图2-24 结核分枝杆菌

> 结核病作为当今世界上最致命的传染病杀手之一，是极易引起人们恐慌的，那么人类只要接触结核分枝杆菌就会得结核病吗？

并不是。大多数人在吸入结核分枝杆菌后能在体内产生有效的免疫效应，从而成功地抑制结核分枝杆菌在肺部的定植，而少量的未被杀死的结核分枝杆菌则会处于休眠状态，所以免疫功能正常的人群在感染结核分枝杆菌后，不会被结核分枝杆菌侵染，也不会表现出症状，更不具有传染给其他人的能力，这种情况通常被称为潜伏性结核病。

世界卫生组织曾报告"世界上三分之一的人口感染了结核病"，由此可见大部分人体内都携带结核分枝杆菌，但不一定会引发结核病。

但是，潜伏性结核病并不是永久安全的，这一类的感染状态也可以在一定的条件下转化为感染活跃状态，例如在人体过度疲劳、患艾滋病、服用免疫抑制剂等导致机体免疫力低下的情况时，结核分枝杆菌就可能乘虚而入，完成肺部侵染（图2-25），5%~10%的潜伏性结核病病例有从潜伏感染进展为活动性即原发性结核病的风险。

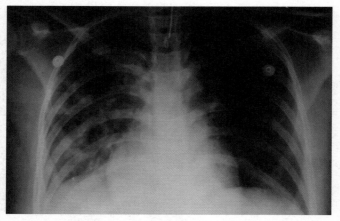

图2-25　胸部X线显示由于结核分枝杆菌感染导致双肺肺泡浸润肺结核

那结核分枝杆菌是如何侵染人体的呢？

首先，人吸入结核分枝杆菌后，杆菌会被肺泡巨噬细胞吞噬（图 2-26），但如果巨噬细胞没能杀死它们，它们就会在细胞内以对数速率增殖，并扩散到新招募的相邻未感染细胞中。

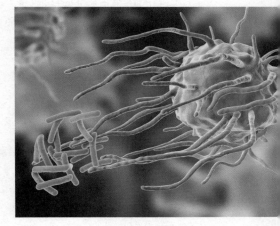

其次，结核分枝杆菌还能抑制细胞凋亡，因此可以在细菌离开死细胞之前进行大量的菌体积累；同时，结核分枝杆菌能够延迟特异性免疫应答的反应时间，在特

图 2-26　巨噬细胞吞噬结核分枝杆菌

异性抗体到来时，细菌增殖速度与抗体消灭菌体速度几乎达到平衡，使得抗体无法产生有效的作用。

此外，结核分枝杆菌还能够根据环境的需要和刺激来改变其基因的表达，通过改变其表面抗原来逃避抗体的识别，最终实现其对肺部组织的侵染（图 2-27）。

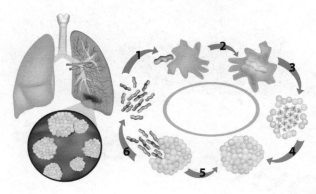

图 2-27　结核分枝杆菌的侵染过程

我国目前结核病的发病率和治疗效果如何？

　　虽然在结核病的治疗方面我们已经取得了进步，但我国依旧是结核病高负担国家。世界卫生组织发布的《2021年全球结核病报告》指出，中国在30个结核病高负担国家中结核病发病数排第2位（259万），仅低于印度。结核病是一类慢性疾病，隐匿时间长，治疗时间长，这也加大了传染风险与治疗难度。在治疗过程中，不正确或不充分的治疗方案以及不遵守治疗方案的行为都可能导致耐药性，这种耐药的结核分枝杆菌的出现使得传统抗生素失去疗效，从而无法消除病灶，大大增加了患者死亡的风险。因此，在这种严峻的情况下，我们应当对结核病有一个全面和清晰的认识，既不过分恐慌，也要注意防范，做到谨遵医嘱，规范用药。在日常生活中也要做到勤通风，不随地吐痰，做好自身卫生防护，为实现终结全球结核病流行的目标作出自己的努力。

第四节 肠道拟杆菌
——抗癌有'它，致病也有'它

拟杆菌门细菌作为人类肠道中最为丰富的革兰氏阴性菌，相较于肠道内其他细菌，具有易培养且能够进行基因操作等显著特征，因此已成为研究人类肠道细菌的理想模型。拟杆菌对人类健康发挥着"双刃剑"的作用。

> 人体和微生物有着密不可分的关系，微生物在人体中扮演着怎样的角色？

自列文虎克首次发现并命名细菌以来，人类了解微观世界的技术手段不断升级。研究者们发现，微生物与人类的成长和发育始终紧密相连。这些微生物遍布于人类皮肤、呼吸道、消化道等各类组织和器官，其中以肠道内分布的微生物最为丰富。

肠道微生物自新生儿呱呱坠地起就开始存在，并在发育过程中经历了从兼性好氧菌群到厌氧菌群的转变，最终形成以厌氧菌为优势菌群的成人肠道菌群结构。这些肠道菌群能够调节宿主的营养吸收、新陈代谢、免疫调控等多种生理过程。

由于肠道菌群种类繁多、大多无法体外培养、遗传操作难度较高等特点，研究者们在研究、分析和理解肠道菌群过程中遇到了许多难以跨越的障碍。直到 2006 年，研究人员首次利用宏基因组技术揭示了人肠道微生物的多样性，发现人肠道菌群主要由厚壁菌门、拟杆菌门、变形菌门和放线菌门 4 个系统发育门的细菌构成（图 2-28）。

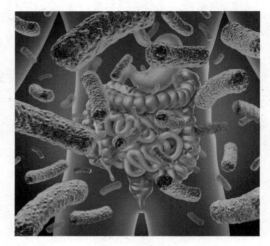

图 2-28　人类肠道微生物

此后的研究显示，受制于饮食习惯等多种因素的影响，七大洲人们的菌群结构各不相同，但大多由革兰氏阳性厚壁菌门和革兰氏阴性拟杆菌门主导。

拟杆菌属（*Bacteroides*）细菌是一类长度 1.6~12.0 μm、直径 0.5~2.0 μm 的异养厌氧型短杆菌，无芽孢。该菌在血平板上可形成直径 1.0~3.0 mm 的白色或灰色光滑突起菌落，具有耐胆汁、可分解利用多种植物源或动物源多糖的能力。临床检测显示，该菌具有通过生殖道垂直传播的特征。拟杆菌属作为拟杆菌门中一种含量丰富且种类繁多的属，约占粪便微生物群的 25%。不同于肠道中无法进行培养和遗传操作的其他厌氧菌，拟杆菌属细菌在1898年就被人们通过平板培养法在腹部溃疡导致的阑尾炎病灶处分离，并在随后的几十年里被不断进行基因操作。

拟杆菌属在微生物研究领域有着怎样的意义？

由于拟杆菌属是微生物群的主要组成部分，在整个人群中分布广泛，高度适应肠道中的生境，且相对易于培养，并具备遗传可操作性，因此已成为研究人类肠道微生物的主要焦点和理想模式菌株。科研工作者以此为模型，发掘了肠道细菌在生物化学、基因组学和生态学等方面的特征，并揭示了肠道核心菌群定植和进化的基本原则。此外，有关拟杆菌属细菌的研究结果也为揭示肠道中微生物与宿主之间或不同微生物间的相互作用提供了一个重要的"起点"，是开展肠道微生物作用机制研究的重要"窗口"。

拟杆菌属有多少种拟杆菌？

在过去的几十年中，随着肠道细菌分离技术的发展及宏基因组测序技术的出现，拟杆菌属的分类经历了几次重大修订。1989—1990年，微生物学家主要依据细菌的细胞结构和生理、生化特性对拟杆菌属进行了划定，导致拟杆菌属中的物种仅包含脆弱拟杆菌群的成员，而大多数未保留在拟杆菌属中的临床相关物种被归入卟啉单胞菌属（图2-29）或普氏菌属。1990年以后，随着

16S rRNA 被普遍应用于细菌分类鉴定及新一代测序技术的进步，研究者通过宏基因组测序技术发现了许多新的难以培养的拟杆菌属物种。截至2022年6月，共在拟杆菌属中公布并命名了46种拟杆菌。

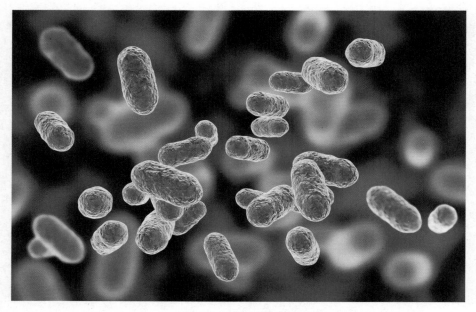

图 2-29　牙龈卟啉单胞菌

　　此外，通过对3000多个分离出拟杆菌属物种的人类临床样本进行统计，绘制了特定拟杆菌属物种临床分离率示意图（图2-30）。结果显示，脆弱拟杆菌（*Bacteroides fragilis*）（图2-31）是临床样本中分离率最高的拟杆菌（>60%），因此被认为是毒性最强的拟杆菌属物种。

　　多形拟杆菌（*Bacteroides thetaiotaomicron*）是一种优秀的碳水化合物降解细菌，能够将许多植物类食品中的大分子碳水化合物降解为葡萄糖和其他易消化的小分子糖类。人体中缺少编码降解复杂植物类碳水化合物的酶的基因。

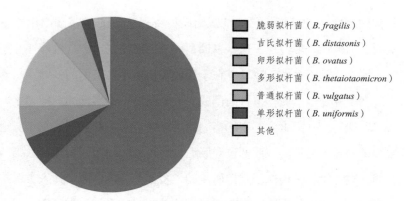

脆弱拟杆菌（*B. fragilis*）

吉氏拟杆菌（*B. distasonis*）

卵形拟杆菌（*B. ovatus*）

多形拟杆菌（*B. thetaiotaomicron*）

普通拟杆菌（*B. vulgatus*）

单形拟杆菌（*B. uniformis*）

其他

图 2-30　拟杆菌属物种临床分离率

【图片来源：WEXLER H M. Clin Microbiol Rev. 2007, 20(4): 593-621.】

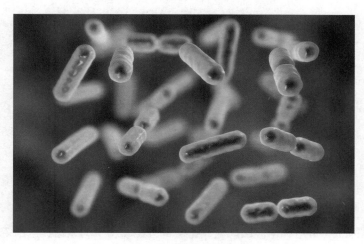

图 2-31　脆弱拟杆菌

拟杆菌属是如何与我们 "共存" 的?

　　21 世纪以来，基因组学和蛋白质组学的迅猛发展极大地促进了对拟杆菌属物种在人体肠道独特适应性的理解。科学家在 2003 年首次对多形拟杆菌进行了全基因组测序，并在随后几年里完成了对脆弱拟杆菌等多种肠道拟杆菌的全基因组测序。结果显示，拟杆菌属物种将高达 20% 的基因组用于复杂多糖的摄取、运输和分解过程。这些多糖利用基因使得肠道拟杆菌能够分解利用多种宿主饮食和黏膜多糖，以及存在于其他肠道微生物表面的多糖，从而实现肠道内的竞争性定植，使得拟杆菌门成为人类肠道中最丰富的细菌门之一。因此，研究者认为，基因组内丰富的多糖利用基因簇是拟杆菌属区别于肠道内其他种属细菌的显著特征。该菌通过对肠道内多种糖的利用以实现与人类的共生关系，即人类为拟杆菌提供了定植所需的"食宿"，拟杆菌作为人类对抗病原菌和癌症的潜在"益生菌"，当人体肠道菌群的组成受到外界环境、饮食习惯以及疾病等的影响而失衡时，部分拟杆菌作为机会致病菌会对宿主的健康产生威胁。

我们人类是如何为拟杆菌提供定植所需的"食宿"的？

研究表明，食物经消化道下行过程中，大多数蛋白质、脂肪和单糖形式的营养物质被小肠直接吸收，仅剩少量难以消化的复杂多糖组分进入大肠以供大肠内的微生物群落利用。因此，肠道菌群进化出众多的多糖利用系统以供生存需要。其中，拟杆菌属细菌在多糖利用过程中发挥的功能最为显著。例如，多形拟杆菌能够分泌 β-2,6 果聚糖内切酶，该酶能够特异性分解食物中常见的植物果聚糖；卵拟杆菌能够分泌木聚糖水解酶等多种植物纤维水解酶，用以分解广泛存在于植物中的半纤维素多糖。

拟杆菌对复杂多糖进行降解的过程中，除了生成单糖为自身供能外，还产生了大量的挥发性脂肪酸和寡糖等小分子物质。这些挥发性脂肪酸能够被大肠重新吸收并用作宿主的能量来源，满足宿主部分日常的能量需求；另外一些由动物源或植物源多糖分解成的小分子寡糖，能够被肠腔内的其他细菌直接分解利用，从而为肠道细菌的多样性和稳态提供能量保证。

拟杆菌作为人体的益生菌，是如何发挥作用的？

肠道拟杆菌不仅可以分解肠道内特异性的多糖分子来实现自身的"食宿"，还具有合成多种具有免疫原性的表面多糖的能力，以充当机体健康的重要"益生菌"。研究表明，单株脆弱拟杆菌可合成 8 种不同的荚膜多糖、1 种细胞外多糖和多种糖蛋白。这些糖蛋白和荚膜多糖可以从细胞表面延伸数百纳米，标志着微生物群的各个成员（及其宿主）之间的界面，有助于提高这些细菌在自然环境中的整体适应性，并在微生物和宿主的相互作用中发挥重要的作用。

拟杆菌是如何帮助人体预防癌症的？

研究人员在 2008 年发现，肠道内的脆弱拟杆菌 NCTC 9343 可以通过其表面的荚膜多糖成分（PSA）刺激淋巴细胞分泌 IL-10 等细胞因子，从而缓解由肝螺杆菌引起的结肠炎；2013 年，人们发现来源于人肠道的卵拟杆菌 D-6 的荚膜多糖侧链上包含大量的肿瘤特异性抗原（TFα），该抗原可刺激抗 TFα IgM 和 IgG 的合成，进而抑制乳腺癌、结肠癌、肺癌、前列腺癌和膀胱癌的发生；2017 年，人们发现位于新生儿肠道内的脆弱拟杆菌 NCTC 9343 可以通过其表面的 PSA 诱导 TLR2、TLR4 受体活化，从而抑制 IL-8、IL-17 所引起的炎症反应，最终避免新生儿坏死性小肠结肠炎的发生。

总体来说，拟杆菌合成的表面多糖能够参与宿主淋巴细胞调节和细胞因子表达，并在预防癌症方面发挥重要作用。因此，该物种被认为具有成为新一代益生菌的潜质，被认为是目前最好的新一代益生菌候选菌株之一。

为什么说拟杆菌是"双刃剑"？

拟杆菌对人类健康的影响受其所处的时空因素的影响。在不同的环境刺激下，部分具有益生菌潜质的拟杆菌也能导致机体出现腹腔内脓毒症、坏疽性阑尾炎、菌血症等严重的病理变化，严重威胁人类健康。

有报道显示，由厌氧菌引起的微生物感染中，脆弱拟杆菌在其致病过程中发挥着重要的作用，可导致约19%的死亡率。例如，肠道内脆弱拟杆菌NCTC 9343在正常生理状态下能够减轻肠道感染并促进定植，但当其移位至腹腔后，该菌株表面的PSA能够显著促进腹内脓肿的形成；产肠毒素脆弱拟杆菌作为人类肠道内常见的共生菌，其基因组上具有编码目前唯一确定的脆弱拟杆菌毒素的基因，该基因编码的脆弱拟杆菌毒素能够激活机体STAT3和Wnt途径并刺激IL-17的产生以促进肿瘤的形成，最终导致结肠癌的出现。但产肠毒素脆弱拟杆菌在不同宿主内的致病情况不一致，有高达30%的人群显示出无症状定植现象。

拟杆菌会制造"超级细菌"吗？

研究表明，拟杆菌可以作为肠道内耐药基因的储存库，允许抗性基因在物种之间发生转移，使得拟杆菌能够接收来自同属细菌的耐药基因和那些被吸入或吞咽进入消化道的呼吸道细菌的耐药基因，进而导致细菌耐药性的增强和临床治疗难度的增加。人们在对过去 30 年肠道细菌四环素和红霉素耐药基因的回顾性研究显示，拟杆菌属细菌基因组中四环素耐药基因 *tetQ* 的携带率从约 30% 增加到 80% 以上；与此同时，肺炎链球菌等呼吸

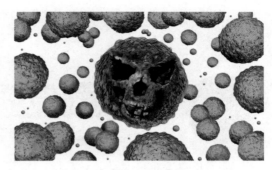

图 2-32 "超级细菌"

道细菌也能将自身的红霉素耐药基因 *ermB* 转移至拟杆菌基因组中。这些耐药基因在细菌间的水平转移给临床用药带来了巨大的威胁，也因此造就了许多"超级细菌"（图 2-32）。

这么说来，我们该如何与它们和平共存？

拟杆菌门细菌作为人类肠道中最为丰富的革兰氏阴性菌，相较于肠道内其他细菌，具有易培养且能够进行基因操作等显著特征，因此已成为研究人类肠道细菌的理想模型。

有关拟杆菌功能的研究显示，作为一种重要的共生菌，拟杆菌在调控宿主健康方面发挥着"双刃剑"的作用。在适宜的肠道环境下，拟杆菌能降解宿主难以直接利用的多糖，对于维持宿主正常功能必不可少，被认为是目前最具发展潜质的"抗癌益生菌"。但另一方面，当机械性外力或生化物质使肠道内稳态遭到破坏后，拟杆菌可生成多种毒力因子，导致宿主腹部、大脑、肝脏、骨盆和肺部形成脓肿及菌血症等，对人类健康造成重大威胁。

因此，明确肠道内不同生化因子对拟杆菌生理功能的调控将为揭示肠道中微生物群与宿主之间的动态关系提供理论依据，为早期预防和治疗菌群失衡提供新思路，为开发肠道益生菌靶向疗法提供新视野。

第五节 白蚁的肠道微生物
——帮白蚁成为"素食主义者"

据统计，白蚁每年会给人类造成数十亿美元的损失。但是，很少有人想过，小小的白蚁和它那小小的肠道，居然能消化坚硬的木材，并从中吸收营养供给生长和繁殖。听起来很不可思议，但其实这都归功于白蚁和它的肠道微生物群。

白蚁是白色的蚂蚁吗？

并不是。白蚁俗称"白蚂蚁、飞蚂蚁"，但是和蚂蚁截然不同。二者之间从分类、形态、进化、食性等方面都相差甚远。

首先，分类方面，蚂蚁属于膜翅目、蚁科，由早期的蜂类进化而来，与蜜蜂的关系较为密切；而白蚁属于蜚蠊目、白蚁科，与蟑螂是亲戚。

从形态上看，蚂蚁一般为黑褐色，身体明显分为头、胸、腹三部分，有纤细的腰部；而白蚁颜色浅，为白、黄褐色，其腰比较粗，头部以下几乎呈直筒状。蚂蚁前后翅膀不同，而有翅白蚁前后翅膀等长，故原来归为等翅目（2007年后，分子学证据表明白蚁与蟑螂接近，因而撤销了等翅目，所有的白蚁都被归入了蜚蠊目）。另外，白蚁触角是直的，而蚂蚁触角是弯曲的。用手接触两种昆虫，白蚁是柔软的，而蚂蚁体表有角质层，是比较硬的（图2-33）。

图 2-33　白蚁（左）与蚂蚁（右）

第三，从进化角度看，白蚁是最古老的群居社会性昆虫，在地球上至少生存进化了 1.3 亿年以上，最早的白蚁化石出现在距今 2 亿多年前的地层中，因而白蚁算得上是昆虫界的老祖先之一；而蚂蚁距今只有 7000 万年的历史。

第四，食物方面，白蚁主要以木质纤维素为食，是素食者；而蚂蚁食性比较广，偏肉食性或杂食性（表 2-3）。

表 2-3　白蚁与蚂蚁的区别

比较项目	白蚁	蚂蚁
分类	蜚蠊目白蚁科	膜翅目蚁科
颜色	白、黄褐色	黑褐色
外形	腰比较粗，头部以下几乎呈直筒状	身体明显分为头、胸、腹三部分，腰部纤细
触角	直	弯曲
触感	柔软	比较坚硬
历史	1.3 亿年以上	7000 万年
食性	以木质纤维素为食	肉食性或杂食性

白蚁是超级生命体吗?

　　白蚁和蚂蚁、蜜蜂一样属于社会性昆虫,所有个体都生活在群体之中,离开这个群体,白蚁单独不能存活。因而科学家们建议把社会性昆虫群体当作一个超级生命体(Superorganism)看待。一个白蚁群体通常由繁殖蚁即蚁王和蚁后(图2-34)、工蚁、兵蚁、幼蚁和卵组成,它们与其生活的巢体构成一个超级有机体,共同维持生命的平衡。蚁王和蚁后专职产卵繁殖,工蚁负责找食物、搬运及构建维护巢穴,而兵蚁行使群体的保卫、防御职能。

图2-34　白蚁蚁后

　　提到白蚁,我们第一时间想到的是房屋破坏大王——一旦见到它的身影,那就说明我们的木质家具要遭殃了,白蚁是害虫吧?

　　的确,白蚁被称为"奇怪的美食家",它们把许多生物不喜欢的木材、真菌和半腐烂的枝叶当作食物(图2-35)。它还是"素食主义者",养分主要来源于纤维素和木质素。白蚁的危害具有"隐蔽性、广泛性、严重性和不可逆性"四大特性,因此白蚁被认为是"世界五大害虫"(白蚁、苍蝇、蟑、蚊、黏虫)之一。

图 2-35　白蚁以木材为食

由于白蚁食木的特殊食性，白蚁对房屋、树木、园林、文物古建、水库堤坝及通讯电缆等会造成巨大危害。

小小的白蚁怎么能消化坚硬的木头呢？

大多数动物不能直接消化和吸收纤维素，但白蚁有这种特殊的能力。这里，我们不得不提到白蚁的"好朋友"——披发虫，这是一类生活在许多种类的蜚蠊目昆虫（许多白蚁和一些以木质纤维为食的蟑螂）肠中的鞭毛虫，是十分古老的生物。白蚁体内披发虫的数量特别多，占它们体重的1/3。这种原生生物，是白蚁将木材转化为能量来源所必需的，它们通过发酵木材来实现这一点。

> 也就是说，白蚁消化木头并汲取养分，靠的是肠道里的这种古老生物？

是的。这个过程就像把谷物变成啤酒的酿酒商一样。白蚁的肠道是披发虫朝思暮想的居住地，白蚁很善于招待"朋友"，这里不仅没有危险、非常温暖，还可以为披发虫提供它们喜爱的缺氧环境，并且拥有源源不断的食物，就好比兔子盲肠或牛瘤胃中的微生物一样。披发虫利用一种可以消化木头的酶，将纤维素转化为葡萄糖，恰巧白蚁可以直接吸收和利用这些葡萄糖。众所周知，纤维素在地球上分布范围最广，并且含有最多的有机质。白蚁只需咀嚼树枝、草茎和其他富含纤维素的物质，然后将它们吞入胃里，消化工作则由披发虫负责，只要带着披发虫，白蚁到任何地方都能享受无尽的美味。

> 我们知道，像鹿这些反刍动物也会利用微生物，但用过之后会将微生物杀死并消化，从而吸收蛋白质，白蚁也是这样吗？

白蚁不会做这种"过河拆桥"的事。白蚁与披发虫之间是真正的共生关系，没有披发虫，白蚁的好日子就算到头了。研究人员曾做过实验，当白蚁处于 40 ℃的温度下，它们肠道中的披发虫就会死亡，而它们却仍然活着，可以继续吃植物的枝叶。但失去了披发虫的协助，白蚁无法再进行消化和吸收，即使吞下大量食物，它们也无法存活。这就是为什么白蚁对披发虫很友好。

披发虫对于白蚁这么重要，难道是肠道里自带的吗？

不是的，白蚁肠道中的披发虫并非与生俱来，而是老白蚁送给小白蚁的"礼物"。小白蚁出生后，老白蚁就会往食物中混合一些披发虫，喂给小白蚁，从此，披发虫就定居在小白蚁的肠道里了。这份珍贵的礼物也将代代相传（图2-36）。因此，只要是同一种白蚁，不管它们生活在地球上的什么地方，它们的肠道里都有同样的披发虫。

图 2-36　白蚁群落

每只白蚁体内都含有披发虫这种原生生物吗？

有的含，有的不含。已鉴定出的白蚁种类有3000多种，根据其肠道中是否存在原生动物，可将白蚁分为低等白蚁和高等白蚁两大类。含原生动物的低等白蚁包括6个科：草白蚁科、原白蚁科、澳白蚁科、木白蚁科、齿白蚁科和鼻白蚁科，大概占白蚁总数的 1/4；而不含原生动物的高等白蚁，虽然只有 1 个科，但是种类、数量多，占 3/4 以上。

低等白蚁肠道微生物包含原生动物、细菌和古菌三种。2002 年，日本学者提出白蚁肠道微生物酶与白蚁自身消化酶协同高效降解木质纤维素的二维学说，并指出在这一协同作用中，原生动物产生的酶系发挥降解作用可能大于白蚁自身酶系。而高等白蚁肠道没有共生的原生动物，通常认为后肠细菌在其木质纤维素降解过程中发挥作用。

> 白蚁是"素食主义者"，那它完全不需要摄入蛋白质吗？

当然不是，白蚁也需要蛋白质。蛋白质来自隐藏在白蚁肠道深处的强大细菌，我们称之为固氮菌。白蚁是寡氮营养型生物，食物中缺乏氮素营养，因此消化道内共生菌的固氮作用对于白蚁的生存至关重要。固氮菌能将空气中的氮和木材中的热量结合起来制造蛋白质。这就像把土豆变成牛排一样，听起来是不是很奇妙？

> 这么看来，肠道微生物对白蚁来说至关重要，白蚁离开了它们的微生物就无法生存。那能否利用这个方法来消灭白蚁呢？毕竟它给人类的生活带来了很大的不便。

目前科学家已经在研究对付白蚁的新思路——用微生物来对付它们的宿主。以前我们想要消灭家里的白蚁，一般会用杀虫剂。路易斯安娜州立大学的昆虫学家正在设计一种杀死白蚁的细菌。这种细菌会杀死帮助白蚁消化木头的肠道细菌。这或许未来会成为消灭家中白蚁的好方法。

白蚁的消化功能这么强大，可惜是害虫，它真的不能为人类所用吗？

的确，由于白蚁食木的特殊食性，它对房屋建筑、树木园林、文物古建、水库堤坝及通讯电缆等造成巨大危害（图2-37）。白蚁危害具有"隐蔽性、广泛性、严重性和不可逆性"四大特性，因此白蚁被认为是"世界五大害虫"之一。

不过，自然界不会创造无用之物，白蚁能存在于自然界中上亿年，自有它存在的价值。其所谓的害处，只是对人类而言。木质纤维素是地球上由植物产生的最丰富的有机聚合物，它不溶于水且对酶水解具有高度抗性，而白蚁能够有效地对枯枝落叶等木质纤维素进行分解，在维持自然界生态平衡中发挥重要作用。从这一方面看，白蚁是有益的。

图 2-37　白蚁的破坏力

第六节 HIV 病毒
——又理智，又励志

锥形的核心，圆圆的外壳，满身的凸起，直径 80~140 nm，主要由 RNA 和蛋白质组成，靠窃取宿主细胞的营养来维持生命运动，这就是艾滋病的病原体——令人闻风丧胆的 HIV 病毒。

> 为什么我们常说 HIV 病毒很狡猾呢？

人体是一座坚固的"城池"，免疫系统则是这座城池的"守卫军"，它们分工严密，负责消灭有害的细菌和病毒，维持人体的内在平衡和正常运作。一般的病毒往往会大张旗鼓地进入人体，这样做很容易被免疫系统发现，遭到集中"围剿"。像 HIV 病毒（图 2-38）这种"小机灵鬼"自然不会跟免疫系统硬碰硬，而是先从最薄弱的环节入手，然后一步步破坏人体免疫系统，从而"杀人于无形"。

HIV 病毒侵袭人体的过程可以概括为三个阶段：

战略防御阶段（窗口期）→ 战略相持阶段（无症状期）→ 战略反攻阶段（发病期）

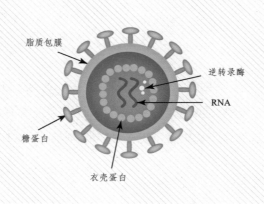

图 2-38　HIV 病毒的结构

脂质包膜

逆转录酶

RNA

糖蛋白

衣壳蛋白

"战略防御阶段"是不是我们所说的"窗口期"？

　　是的。HIV 病毒通过血液等媒介悄悄进入人体，此时力量还很弱小，很容易被免疫细胞消灭，只能先保护好自己。CD4 辅助 T 细胞（图 2-39）是免疫系统的"哨兵"，可以传递免疫信息，激活其他免疫细胞，但自身没有什么攻击手段，所以 HIV 病毒可以轻易制服它。被感染的辅助 T 细胞失去了活性，便无法激活杀手 T 细胞分泌抗体，HIV 病毒也就不容易受到攻击。劫持了辅助 T 细胞，HIV 就能借着它的营养繁殖更多的同伴，从而感染更多的细胞。这时感染者进入感染初期，也就是窗口期。血液内的辅助 T 细胞数量急速下降，HIV 病毒数量迅速增加。

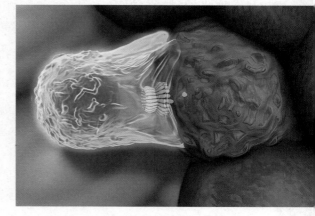

图 2-39　CD4 辅助 T 细胞

这个时候能检查出来吗？

人体此时还没有产生抗体，因此检测不出来。而且，这一时期人体的临床症状主要表现为发热，还伴有咽痛、腹泻等症状。这些症状与感冒非常相似，因此很容易被人们忽视。感染者可能在不知情的情况下将 HIV 病毒传染给其他人。

一开始就出现了症状？不是说艾滋病患者会有一段无症状期吗？

是的。第一阶段虽然 HIV 病毒势力日益壮大，但免疫系统也训练有素，双方势均力敌。在"两军"僵持之际，其他免疫细胞会赶来支援。HIV 病毒势力逐渐落入下风，不得不躲避起来。此时人体也回归和平，不会出现明显症状。感染者就会进入无症状期，一般持续 6~8 年，免疫系统获得暂时性胜利。但 HIV 病毒不会善罢甘休，在接下来的慢性感染期中，它会悄悄壮大势力，伺机而动，如果未经治疗，久而久之，人体的免疫细胞会逐渐被 HIV 病毒破坏殆尽。免疫细胞数量越来越少，而 HIV 病毒数量则越来越多。

也就是说，HIV 病毒会潜伏数年，伺机对人体免疫系统发起攻击？

是的。在这 6~8 年间，时机一旦成熟，HIV 病毒就会重整旗鼓，集结大军准备发起最后的总攻。但此时杀手 T 细胞因疏于训练，开始无力应战，身体也丧失了生产新辅助 T 细胞的能力，无法替换那些在战斗中丧生的前辈，免疫细胞战斗力迅速下降，当辅助 T 细胞基数水平降至 200/μL 以下时，免疫系统会彻底崩溃，身体开始出现免疫缺陷。感染者进入发病期（图 2-40）。此时，HIV 病毒大肆进攻人体，感染者开始出现明显不适症状，如头痛发热、癫痫、痴呆、持续性全身淋巴结肿大等。如果不及时治疗，后果将不堪设想。

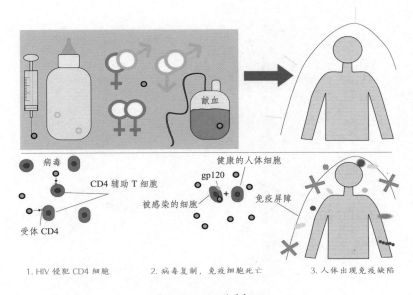

1. HIV 侵犯 CD4 细胞　　2. 病毒复制，免疫细胞死亡　　3. 人体出现免疫缺陷

图 2-40　HIV 致病机理

　　由于 HIV 病毒击溃了免疫系统，人体对任何病毒都将毫无抵抗之力，无数病毒、细菌组成"攻城联盟"，大举进攻人体。最终各个器官被病毒、细菌占据，感染者在痛苦中走向生命尽头。这就是 HIV 病毒攻破免疫系统、感染人体的全过程。

　　机会留给有准备的人，而疾病总是袭击不懂预防的人。艾滋病无法治愈，最好的治疗就是预防感染。只有保护好自己，才能远离 HIV 病毒的侵袭。

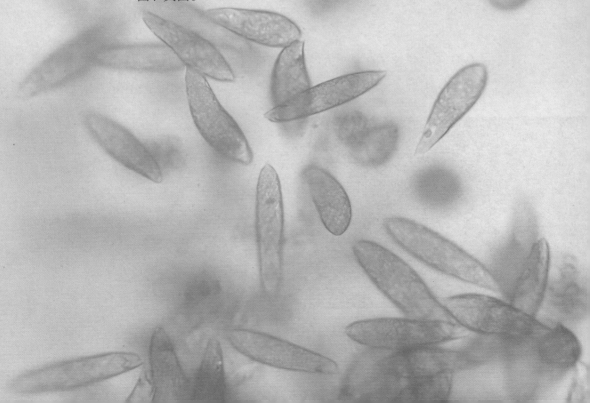

第三章

揭秘抗生素：
越愁越用，越用越愁

持续三年的新冠病毒感染疫情基本得以控制。作为更有"智慧"的人类，显然也谈不上完胜。在科技如此发达的今天，这些肉眼不可见的小小微生物依然会让我们措手不及。这也让我们再次把目光投向了这些微小的生物，尤其是可以造成重大健康损失的致病微生物，比如我们熟知的细菌、真菌。

第一节 青霉素

——能骑着扫帚飞翔的不是只有哈利·波特

现实世界中，能骑着魔法扫帚飞翔的不是哈利·波特，而是拥有"扫帚"显微结构的青霉菌，其对于人类社会的贡献是不可估量的。

20 世纪 40 年代，人们才发现了抗生素，在那之前，我们几乎只能依靠自身免疫力抵抗微生物的感染。如果没有抗生素，人类会怎么样？

1941 年，43 岁的中年男人亚历山大被自家花园里玫瑰花的刺在脸颊上划了一道小小的口子，伤口被葡萄球菌和链球菌感染。开始只是局部化脓，后来感染不断扩散，脸部肿胀，眼睛发炎，眼球被摘除。这还不是终点。很快，亚历山大全身多处流脓，出现肺炎、腿部骨膜炎。可以说，病菌在一点点地"吃"掉他。

从化学成分上看，人的肉和猪的肉没有本质的区别。猪肉放久了会发霉长毛，就是有微生物在"吃"掉它。其实，无处不在的微生物也一直试图"吃"掉我们（图 3-1）。

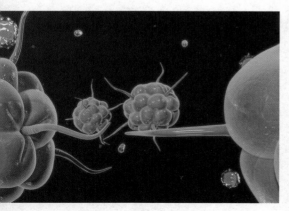

图 3-1 细菌攻击免疫系统

所幸，活着的人体有"围墙"（我们的皮肤）和"警卫"（免疫系统）抵御微生物的入侵，努力消灭已经侵入的微生物。大多数时候，我们会取得成功。如果围墙有了缺口，而围墙内的警卫没能及时消灭入侵者，成功进入人体的微生物就开始"大快朵颐"了。这种情况下，我们就会被微生物一点点地"吃"掉。"发炎""病菌感染"描述的就是这种情况。亚历山大就是这种情况。

电影《笑傲江湖》里说，有人的地方，就有江湖。可能是想表达这样的意思：有人的地方，就有对利益的争夺。其实，有生物的地方，就有对利益的争夺。有生物的地方，就有江湖。抗生素产生于微生物对利益的争夺。微生物争夺的利益，是食物和生存空间。

抗生素抗的是什么"生"？

假设一个微生物的种子（称为孢子、芽孢等）落在一片面包上，它就会努力独占这片面包。自己吃不完，也要传给自己的后代。如果有其他微生物试图来分享这片面包，它会努力杀掉它们。

人类杀掉争夺资源的同类，靠的是机枪、火箭炮、导弹、原子弹。微生物杀掉资源竞争者的方式，就是分泌抗生素。自然界中的微生物，会将一些化合物分泌到周围，利用这些化合物杀掉食物和生存空间的竞争对手。20世纪20—40年代，我们人类发现了自然界中这些化合物的存在，并成功地利用这些化合物来对抗试图吃掉我们的病菌，将这些化合物命名为"抗生素"。

青霉素，是第一个人类成功开发利用的抗生素。

青霉素我们都知道，那青霉其实是一种真菌对吧？

是的。日常生活中，发霉变质的果实或食品表面长出的一团团青绿色的"羊毛"，即青霉（图3-2、图3-3）。青霉属隶属于真菌界子囊菌门，菌落生长速度快且柔软，主呈青绿色，显微镜视野中其菌丝有横隔，菌丝侧端具分生孢子梗，顶端呈现帚状体，形如扫帚，其拉丁属名 *Penicillium* 由此而得名。

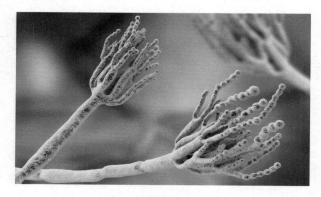

图3-2 显微镜下的青霉

图3-3 培养皿中的青霉

作为自然界中常见丝状真菌的一种，已有300多种青霉属真菌被发现和报道。青霉几乎无处不在，上到大气环流层，下到马里亚纳海沟万米深渊；远到千百年前的"古墓"，近到我们眼前的土壤、水体等。

青霉当初是如何被发现的?

青霉最早于 1809 年被发现，但直到 1928 年，其高光时刻才开始显现。英国细菌学家亚历山大·弗莱明（Alexander Fleming）（图 3-4）由于一时疏忽，让一团青绿色霉菌"悄悄溜进"了金黄色葡萄球菌的培养皿中。这也为度假结束返回实验室的弗莱明带来了惊人的新发现：青霉菌落的周围居然没有任何葡萄球菌生长的痕迹。

1929 年，弗莱明将其研究发现公开发表并把杀菌物质命名为青霉素。但当时磺胺类抗菌药盛行且青霉素产量极低，这种无处不在但又毫不起眼的真菌犹如一只"沉睡的狮子"，等待再次被唤醒。

图 3-4　西班牙巴塞罗那的亚历山大·弗莱明纪念碑

直到 10 年后，青霉素的故事再次拉开帷幕。牛津大学生物化学家恩斯特·伯利斯·钱恩（Ernst Boris Chain）和药理学家霍华德·华特·弗洛里（Howard Walter Florey）加入青霉素的研究中，他们从一颗长满绿毛的甜瓜表面分离出一株青霉菌，经菌种改良后实现了青霉素的量产，合力攻克了青霉素登上历史舞台的最后一道难关。

为什么说弗莱明发现青霉素，只是万里长征的第一步？

　　"一个羞涩而单纯的农村穷孩子来到大城市伦敦，在医学实验室研究致病菌。一天，一颗青霉菌的种子飞进他的培养皿，杀死了里面的病菌。他抓住这个机会，就此发明了拯救千百万人的青霉素。"这可能是大众熟悉的弗莱明发现青霉素的故事。这个故事强调了机遇和细心观察的重要性，既能让不够成功的科学工作者感到解脱（我的机遇不好），也让雄心勃勃的年轻人看到希望（细心观察就能有重大的科学发现）。故事还强调了弗莱明的低起点，暗示"人人可以成功"，有不错的励志效果。

　　这是广为传播的发现青霉素的故事，但不是全部的故事。

　　酒精也能够杀死大多数的病菌，但没有哪个病人会同意往自己身体里注射酒精来治病。还没杀死病菌，人先醉死了。同样的道理，发现青霉菌能够在培养皿里杀死病菌，只是万里长征的第一步。

接下来还有哪些问题需要解决？

　　比如：青霉素对动物和人有毒吗？青霉素在动物和人的体内，也能抵御致病菌吗？怎样才能够培养足够多的青霉，并提取足够千百万病人使用的青霉素呢？怎样才能获得足够纯的青霉素，以便减少注射到人体的杂质，减少注射的副作用呢？青霉素是什么化合物？为什么能杀死致病菌？将青霉素注射到病人体内，合适的用量是多少？每次注射多少青霉素，持续注射到什么情况或什么时候呢？

这些问题，弗莱明都没能回答。

弗莱明是细菌学家，对化学提纯、临床研究并不擅长。他当时的职位、所在实验室的客观条件，也不能为他提供合适的合作者。1929年，弗莱明发表了青霉菌提取物在培养皿中抗菌作用的论文，之后就没有深入研究青霉和青霉素了。

所以诺贝尔奖最终授予了三位学者，另外两位才是真正让青霉素走向临床应用的？

1939年，距离弗莱明发表论文已经十年，牛津大学病理学院的院长弗洛里注意到了弗莱明的论文。弗洛里刚上任的时候，就有意识地招募各个学科的专家到病理学院工作。他心目中理想的病理学研究团队必须包括细菌学家、生物化学专家、生物学专家、临床专家等。

1939—1940年，在一年多一点的时间里，弗洛里的团队已经从原理上解决了青霉素成为抗菌神药的一系列问题，包括青霉素提纯、青霉素的安全性、青霉素的抗菌和治病效果等。

在这一过程中，做出了不可或缺贡献的主要是弗洛里、钱恩和席特利。弗洛里是整个团队的领导人。他确定了青霉素这个研究方向，做了一些病理研究。他最主要的贡献是到处拉经费和协调团队的人际关系。1939—1940年，正是第二次世界大战爆发后的时期。当时的伦敦，汽油、衣服、食物都严格配给，科研经费极难申请。多年之后，弗洛里回忆找钱之艰难，说那时的自己像一个穷苦人家的主妇，要把皮包拎起来，朝所有能想到的地方用力抖。

此外，虽然弗洛里的研究团队里都是世界顶级的科学家，但并非没有冲突。协调团队成员间的冲突，让大家朝共同的目标前进，也是弗洛里在青霉素研究项目中极其重要的贡献。

> 钱恩和席特利这两位分别作出了怎样的贡献？

钱恩是生物化学专家，最早注意到了弗莱明的青霉素论文，并对青霉素的化学成分和抗菌机理研究作出了重要的贡献。席特利解决了青霉培养和青霉素提纯过程中的无数具体技术问题。

1954 年诺贝尔奖生理或医学奖授予了弗莱明、弗洛里和钱恩，以表彰他们为青霉素的发现和提取作出的重大贡献。一次诺贝尔奖只能由三人分享，席特利榜上无名。但弗洛里说，没有席特利，就没有青霉素。弗洛里退休后，席特利继任牛津病理学院院长。

> 提起青霉素的发明，大家想到的就是弗莱明和偶然长出青霉菌的培养皿。弗洛里、钱恩和席特利的名字都被大众忽视了。这是为什么？

在弗洛里团队初步证实青霉素的功效、美国企业正在大力生产的阶段，弗洛里严禁团队成员对媒体透露任何信息。他觉得青霉素的安全性和功效还没有足够的病例和数据支持，需要等到美国企业生产出更多的青霉素，寄给他做更多的临床试验，才能正式向公众宣传。

与此同时，弗莱明所在医院（注意，不是弗莱明本人！）充分利用这个宣传时机，召开新闻发布会，介绍弗莱明发现青霉菌的故事。虽然过去的十一年，弗莱明的这一发现都被医院忽视了。

无论英国还是美国，民众从报纸上读到的发明青霉素的英雄，就只是弗莱明。近一百年了，一直是这样。媒体记者也更喜欢弗莱明的故事。在伦敦打拼的羞涩单纯的穷孩子、偶然长出青霉的培养皿，是媒体和大众喜欢的传奇故事。相比之下，弗洛里、钱恩和席特利的工作就太缺乏吸引人的点了。反向提取、对流提纯、实验组、对照组，这些概念对非专业人士太乏味了，这种素材不适合写新闻，不会有读者。

弗莱明在公开场合的发言，多次感谢了他的同事："他们不是最先发现青霉素的人，但他们把青霉素变成了有效的药物。是他们给了我们提取方法，并推动企业研发出量产方法。这是团队合作的最好范例。"

> 开头那位被自家花园里玫瑰花刺伤的亚历山大，后来被救活了吗?

亚历山大是第一位接受青霉素治疗的人，效果出奇地好。亚历山大身上的溃疡很快停止流脓，体温降至正常。1941 年 2 月 17 日，青霉素治疗 5 天之后，亚历山大面部肿胀消退，眼睛炎症消失，体温一直正常。

毕竟是人类历史上第一次向体内注射青霉素，而且是一种从霉菌里提炼出的东西，弗洛里担心使用时间太长对病人身体不好，就让临床医生停止用药。接下来 10 天，亚历山大病情持续改进，创口逐渐愈合，精神也很不错。2 月 28 日，亚历山大体内的病菌反扑。被玫瑰花刺伤之后，他被病菌反复折磨，体内体外多处溃疡，5 天的用药不足以清除身体深处的病菌。实验室能培养的青霉、提取的青霉素太少了。此时弗洛里手上一点青霉素都没有了。他们只能眼睁睁看着亚历山大病情急剧恶化。3 月 15 日，亚历山大死亡。

第一次临床试验的教训，到现在也值得人们注意。症状好转并不能马上停用抗生素，如果有抗生素可用的话。

弗洛里和他的团队又奋战了几个月，攒够了给五六个严重感染的病人使用的青霉素，把他们从死亡边缘拯救了回来。

> 青霉素的应用后来产生了怎样的影响？

这一堪称史诗般的研究和发现，在硝烟弥漫的二战战场上发挥了举足轻重的作用，为在鬼门关前闯荡的数以万计的伤员士兵带来了生命的曙光。1944年，诺曼底登陆时约有 230 万剂可用的青霉素，1945 年骤升至 6460 亿剂。青霉素的使用极大地推动了二战的结束以及法西斯的战败。

"诺奖分子"青霉素的发现和推广正式拉开了抗生素时代的序幕，是现代医学史上最具价值的贡献。基于其化学结构中 β- 内酰胺结构的不同修饰与改造，青霉素已经发展为抗生素家族，其杀菌、抗菌能力不断获得提升；青霉素类抗生素的推广使用大大延长了人类平均寿命，世人更是将其与原子弹、雷达并称为"二战三大发明"。与此同时，青霉也以抗生素的缔造者成为研究者眼里的"香饽饽"。

今时不同往昔，如今青霉素的耐药性引起了广泛关注，目前达到了一个怎样的程度？

是的，青霉素的神奇光环在逐渐褪去。道高一尺，魔高一丈。被视为"灵丹妙药"的青霉素，伴随着其超量使用和滥用，致病细菌已产生了极强的耐药性。耐药菌感染已严重威胁人类健康。预计到 2050 年，细菌耐药性每年将造成 1000 万人死亡。因此，必须加强处方类药物的使用和监管，防止出现人类的"终结者"——超级细菌（图3-5）。

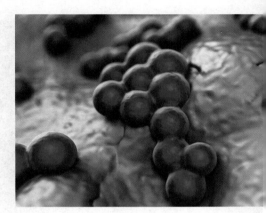

图 3-5　耐药菌

青霉属衍生出的药物，还有什么比较知名的？

那就是霉酚酸了。让我们再将时间拨回到 19 世纪，彼时维生素的营养机制未被阐明，人们普遍认为糙皮病（亦称"癞皮病"）是由感染了真菌病害的玉米造成的。1892 年，意大利物理学家巴尔托洛米奥·戈西奥（Bartolomeo Gosio）在寻找导致糙皮病的真菌物质时，发现发霉玉米提取物会造成氯化铁试剂呈现蓝色到紫色的转变。次年，他成功从一种青霉发酵产物中了获得该活性物质，并命名为霉酚酸（Mycophenolic acid），这是人类历史上首次通过分离和结晶得到抗生素。1913 年，美国生物学家卡尔·艾尔斯伯格（Carl L. Alsberg）等从葡匐茎青霉产物中分离得到相同的活性物质。1932 年，哈罗德等人从短密青霉发酵产物中再次分离得到该物质，并证实了戈西奥、艾尔斯伯格等人发现的活性物质均为霉酚酸（图3-6）。1995年，在霉酚酸被发现百年之后，其衍生物霉酚酸酯获得美国FDA认可，用于预防肾移植急性排异反应。1998年，其被正式批准为免疫抑制药物。

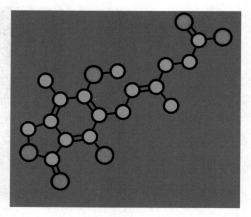

图3-6　霉酚酸化学结构

青霉属都是对人类有益的"好菌"吗?

青霉属也有"坏菌"。例如，马尔尼菲青霉菌就是人类的条件致病菌；产红青霉、扩展青霉则是果蔬等作物的致病菌。因此，我们要保证这一强大且神奇的"飞天扫帚"持久灵活地安全飞行，带领研究者们遨游生物魔法世界。相信随着合成生物学的快速发展和药物研发的进步，或许将来某一天，青霉菌可能会再次产生划时代的影响，给人类世界带来更多的惊喜！

第二节　雷帕霉素
——为什么复活节岛岛民不穿鞋

一位不知名的微生物学家在一座遥远的孤零零的小岛上拾起了一抔泥土，雷帕霉素的传奇故事就此拉开了序幕。

比起雷帕霉素，复活节岛上的巨人石像似乎更广为人知一些，也给该岛增添了许多神秘色彩。这是一个怎样的岛？

这座神秘而与世隔绝的孤岛位于东南太平洋上，东距智利西岸 3700 km。该岛由三座死火山的熔岩流和凝灰岩所构成，呈三角形，面积约 117 km²，岛上常住民 4000 余人。1722 年，因荷兰人罗赫芬于复活节那天发现并登上该岛，而得名"复活节岛"。岛上耸立着 1000 余尊巨人石像（图 3-7），这些巨人石像大多背靠着大海，神情凝重，好像在

图 3-7　复活节岛上的巨人石像

思索着什么。这些巨人石像从何而来、为何而来，至今仍是世界十大未解之谜之一。当地居民将该岛称为 Rapa Nui 或 Te Pito te Henua（意为"世界之脐"）。雷帕霉素的故事就起源于这座具有神秘色彩的孤岛。

> 雷帕霉素是如何在岛上被发现的？

图 3-8　不穿鞋跳舞的岛民

　　由于这座孤岛的奇特性，众多探险者被这种未知的诱惑所吸引。1964 年，世界卫生组织和加拿大医学会共同组建了一支 40 余人的科考队，前往复活节岛进行科学考察。在此期间，一位微生物学家 Georges L. Nógrad 发现了一个很奇怪的现象，即岛上居民饲养牲畜，其中骏马极多，人们大多走路不穿鞋子（图 3-8），却从来没有出现过感染破伤风的病例。为了解除这个疑惑，他采集了 60 余份土壤样本，但仅在 1 份样本中发现了破伤风孢子，随后 Nógrad 将样本交付给 Ayerst 制药公司的研究中心。回首来看，这真是一次伟大的决定，否则就没有后面的故事了。

　　Ayerst 制药公司的塞格尔（Sehgal）博士从 Nógrad 寄来的土壤样本中分离出了一种链霉菌——吸水链霉菌。随后，塞格尔博士从该链霉菌中分离出一种全新的化合物。为了纪念其发现地——复活节岛"Rapa Nui"，塞格尔博士将该化合物命名为 Rapamycin（雷帕霉素）（图 3-9）。

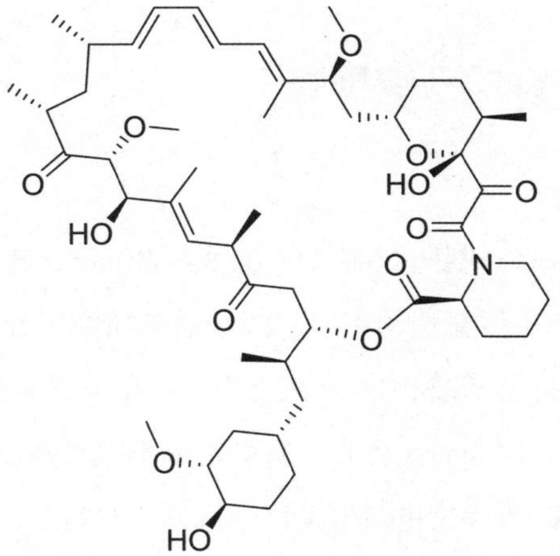

图 3-9　雷帕霉素的化学结构

雷帕霉素除了可以预防破伤风，还有其他作用吗？

雷帕霉素属于大环内酯类化合物，其中大环内酯组成了一个环，并且环外具有一个烷链烃和六元碳环的结构，整体上看雷帕霉素与珍珠项链（图 3-10）非常相似。后来研究发现雷帕霉素具有抗真菌活性，对肿瘤也具有很好的抑制作用。但是雷帕霉素被发现后，并未得到 Ayerst 制药公司的重视，雷帕霉素于 20 世纪 80 年代初被雪藏，这一雪藏就是 7 年。

图 3-10　珍珠项链

后来是如何被重新应用的?

1987 年,日本藤泽制药报道从土壤微生物筑波链霉菌中获得了具有免疫抑制作用的 FK-506(他克莫司),它的一系列研究工作很快完成,并作为第一个大环内酯免疫抑制药被 FDA 批准上市。正是由于 FK-506 的引导与启发,同年 Wyeth(惠氏)和 Ayerst 合并,塞格尔博士重燃希望,说服新的公司继续按照通常新药研发的进程来重新研发雷帕霉素。在新公司的加持之下,塞格尔博士和同事很快发现雷帕霉素不仅仅是一款抗真菌药物,在使用它时还会产生难以忽视的免疫抑制作用。1999 年,雷帕霉素作为免疫抑制药物被 FDA 正式批准上市。艺高人胆大的两位外科医生罗伊·卡尔尼(Roy Calne)和托马斯·斯塔泽(Thomas E. Starzl)巧妙地将其应用于器官移植术后的抗排异反应,取得了突破性的成功,这一举动加快了雷帕霉素进入大众视野的步伐。2009 年,惠氏被制药巨头辉瑞(Pfizer)收购,雷帕霉素被重新包装为 Rapamune(雷帕鸣)、Sirolimus(西罗莫司)。从此,雷帕霉素成了世界各地器官移植者的常用口服免疫抑制剂。

前面提到,雷帕霉素对肿瘤也具有很好的抑制作用,具体的作用机理是怎样的?

是的。20 世纪 90 年代中期,当雷帕霉素被广泛应用于器官移植时,科学家又将目光转移至抗肿瘤治疗上。在化学家们决定对雷帕霉素进行结构修饰改造之前,惠氏与哥伦比亚大学合作,进行雷帕霉素与靶标蛋白结合实验。与此同时,几个不同的实验室均发现,雷帕霉素可以结合两个不同的蛋白

FKBP12 和 mTOR，并将它们连接起来，其中，环己烷的羟基正好朝外。因此，对环己烷部分进行结构改造成为了化学家们研究的热点。

随着对雷帕霉素药理性质及分子机制的深入研究，大家逐渐意识到雷帕霉素可对肿瘤细胞增殖产生抑制。大量实验数据证实，雷帕霉素可以影响多系统肿瘤性疾病的发生，如消化系统、生殖系统、呼吸系统等。雷帕霉素环己烷上的羟基又非常适合进行衍生化。很快，惠氏得到了雷帕霉素的酯衍生物 Temsirolimus（坦西莫司）（图 3-11 左），商品名为 Torisel（驮瑞赛尔），2007 年被批准为抗肾癌药物。诺华公司也创造了它们的雷帕霉素类似物 Everolimus（依维莫司），商品名为 Afinitor（飞尼妥）（图 3-11 右），2009 年被批准为抗肾癌药物，随后被扩展到其他器官移植和其他肿瘤的治疗。

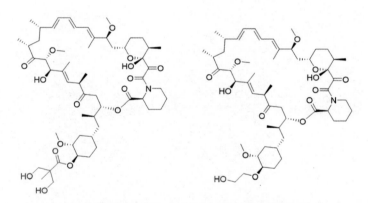

图 3-11　Temsirolimus 坦西莫司（左）和 Everolimus 依维莫司（右）

据说雷帕霉素对肿瘤细胞的抑制并不是它最大的功劳，更大的功劳是什么？

上述发现促使科学家深入研究雷帕霉素的靶蛋白（mTOR）的生物学功能。

研究发现，mTOR 是大分子蛋白，参与着不同的信号通路，就像中央处理器一样，调控各种营养信号，包括氨基酸、糖类、胰岛素等，从而使细胞凋亡或者增殖，对于细胞生长尤为重要。其复合物之一 mTORC1 很容易受雷帕霉素抑制，抑制 mTOR 阻断信号进而抑制肿瘤细胞增殖，表现出抗肿瘤活性。2016 年，科学家解析了 mTOR 复合物的三维立体结构，这有助于进一步阐明它的生物学功能。雷帕霉素在人类几大系统如消化系统、生殖系统以及血液系统等肿瘤治疗方面都有比较好的效果。

随着生物技术的不断进步，雷帕霉素及其衍生物的应用必将把癌症的治疗推向一个前所未有的新高度。所以说，雷帕霉素不仅可以用于器官移植产生的免疫排斥反应的治疗，更重要的是促使人们发现了 mTOR 靶标蛋白，这对于肿瘤的靶向治疗具有划时代的意义。

> 雷帕霉素有三大关键功效，除了免疫抑制、抗肿瘤，第三个是什么？

2009 年，一项小鼠研究发现雷帕霉素延长了小鼠的寿命，此后雷帕霉素延长寿命的研究掀起了学术界的热潮。2017 年，*Aging Cell* 杂志发表了题为 *Rapamycin inhibits the secretory phenotype of senescent cells by aNrf2-independent mechanism* 的论文。实验结果显示，喂养了雷帕霉素的酵母寿命延长至 6 周；蠕虫延长了 5 天，通常情况下蠕虫在实验室只能活 25 天；果蝇的寿命延长了 10%；雄性老鼠延长了 9%，雌性老鼠延长了 14%；宠物中心宠物犬的心脏功能、灵长类猕猴的蛋白质平衡均得到了改善。

> 这些数据说明什么？

大量实验数据证实了雷帕霉素可以很好地调控生物体内物质代谢、细胞生长有关的关键通路；雷帕霉素及其衍生物可以预防与年龄有关的疾病，包括阿尔兹海默症、神经退行性疾病和帕金森病等；同时还能提高免疫力。在已经"无力回天"的老年时期使用，获得的效果依然相当不错，它理所应当地被冠上了"长寿药""续命药"等华丽的称号。

> "续命药"是否只是一味延长患者的寿命而忽视生命质量？

并非如此。我们更应该坚持的不是延长寿命，而是延长健康寿命。德国衰老领域专家琳达·帕特里奇（Linda Partridge）教授的团队在这方面也取得了突破性的进展。在模式生物果蝇、小鼠以及线虫的生命早期短暂施用雷帕霉素，就显著延长了它们的寿命，获得与长期使用雷帕霉素相同的抗衰老效果。该成果于 2022 年发表在 *Nature Aging* 上。其实，科学家们探索雷帕霉素更优使用方法的脚步从未停歇。

> 靶标蛋白 mTOR 和雷帕霉素 "一箭三雕" 的应用价值，二者相比哪个略胜一筹？

靶标蛋白 mTOR 略胜一筹。mTOR 是生物学界领域的研究焦点，雷帕霉素及其靶标蛋白 mTOR 的发现对于生物学以至整个人类健康来说都是非常关键的，同时也创造了一笔财富。

后来，惠氏在复活节岛当年科考人员采集土壤的地方，树立了一块纪念石碑，在石碑上用葡萄牙语写道："1965 年 1 月，在这个地方获得的土壤样本带来了雷帕霉素，这种物质开创了器官移植患者的新时代——来自巴西研究人员的敬意，2000 年 11 月。"

第三节 "超级细菌"
——抗生素让人类多活十几年是有代价的

作为临床上最为常用的药物之一——抗生素,在过去的百余年间挽救了亿万生命,但是,随着对抗生素的滥用以及误用,其带来的负面作用也愈发凸显,不仅变成了危及病人健康的一大原因,也造成了极大的公共资源与金钱的浪费,甚至由此产生的"超级细菌"已成为全球公共卫生领域的一大难题。让我们不得不重新审视与反思,究竟该如何用好这一把双刃剑?

抗生素是什么?

抗生素(图3-12)作为我们最为熟知的一种药物,通常以"消炎药"的身份出现。如果按照教科书的标准给它下一个定义,抗生素是泛指能够杀灭或抑制其他微生物的物质。这些微生物其实包含的范围很广,除了我们熟知的细菌,也包括真菌、支原体、衣原体以及病毒等。但我们理解的传统的定义主要还是指能够杀灭细菌的药物。

图3-12 抗生素

抗生素的作用机制具体是什么?

细菌作为一种原核单细胞生物,与我们人体细胞在结构与功能等方面有很大的差异,正是这种差异,使得抗生素有了用武之地,也就是特异性地靶向这些位点,从而实现对细菌的灭杀。

抗生素首先瞄准的是最外层的细胞壁以及紧贴着的细胞膜,这两部分如同细菌的外壳,一旦破裂就会造成细菌细胞形态不完整,细胞内的内容物随即外泄或者因为渗透压的变化而溶胀破裂;抗生素进入细菌内部后,针对细菌的DNA复制、蛋白质合成等靶点,均可相应地发挥作用,从而干扰细菌的正常生理代谢,使其死亡或无法繁殖(图3-13)。

通过这些作用,人类的平均寿命延长了 10~20 年。毫不客气地说,抗生素是现代医学中一颗璀璨的明珠,帮助我们在这场人菌大战中将细菌狠狠压制住,取得了相当一段时间的暂时的胜利。

图 3-13 抗生素灭菌

为什么说是"暂时的胜利"?

自首次发现青霉素并将其应用于治疗以来,科学家至今已研发了成百上千种抗生素。人类在对细菌的漫长战役中,就如同获取了一把利器,暂时占据了绝对上风。但与此同时,我们也打开了一个潘多拉魔盒,不知不觉间,将我们自己带入一场意想不到的困境中。

面对抗生素的灭杀,细菌当然也不会坐以待毙,正如此前新冠病毒所展现出来的超强适应性和变异性, 细菌也会想方设法通过变化来逃避抗生素的剿灭。于是, 我们看到了"超级细菌"的出现——对常见抗生素具有耐受性的细菌, 甚至已经发现对几乎所有抗生素都有耐受性的细菌。

耐药菌的出现, 是其自身进化的结果, 还是人为导致的?

耐药菌的出现, 有其自身进化变异的因素, 也就是比较偶然的原因, 会变异生成对某种抗生素具有耐受性的细菌。但更多的, 还是因为我们滥用、误用抗生素导致的。在药物的压力之下, 大部分敏感的细菌都被杀死了, 但是有部分耐药菌反而通过这个方式被筛选出来, 活了下来, 而这种耐药基因可以通过自我繁殖以及与周围"同伴"的交换, 被扩散出去, 就进一

图 3-14　耐药性的传递

步增加了耐药菌的范围(图 3-14)。2016 年曾有报告称, 如果不改变当前对耐药菌的态度, 在未来 30 年内, 每年将会有多达千万人死于耐药菌感染导致的相关疾病。

除了单个菌出现耐药性, 细菌还有另一种更加强大的对抗方式, 那就是细菌生物被膜状态。生物被膜是一种微生物聚集的群体结构, 其发生和发展可分为黏附、聚集、成熟与分散几个过程。菌体黏附于接触表面后, 会分泌产生大量胞外基质, 将自身包绕其中, 逐渐形成具有三维结构的成熟生物被膜。这一特殊结构可以帮助其抵抗恶劣的生存环境, 如抗菌剂、宿主免疫防御机制等。有研究表明, 生物被膜态的细菌与单个的浮游态细菌相比, 其耐药性可提高 1000 倍以上。

导致抗生素滥用、误用的原因是什么呢？

据不完全统计，全球范围内每年有一半的抗生素被滥用，在我们国家，这个比例会更高。究其原因，主要来自医生、病患以及监管三个方面。

医生作为抗生素使用的权威以及指导者，对待抗生素的态度现在正出现两极分化的情况。一方面，对抗生素太随意，很多没有必要的情形下开具了抗生素治疗方案；另一方面，由于近些年监管的严格以及对抗生素副作用的宣传，很多医生反而将抗生素视作洪水猛兽，将其束之高阁。

监管方面的职责，近些年正在逐步加强，对抗生素的处方要求越来越严格，但一些不规范的小诊所，或者现在更常用的网络购药，依然存在着很大的监管漏洞。

患者有哪些常见的滥用、误用的行为？

对患者，也就是老百姓而言，多数情况下并不具备专业的知识背景，甚至也没有正确的用药常识，对抗生素的滥用、误用往往来自自己的主观认知或者家庭传承的经验，这就导致了几个最为典型的错误。

首先是将抗生素与"消炎药"画等号。消炎是一个很大的范畴，也是一个很通俗的说法，但"炎症"并不是一个准确的疾病，而只是一种外在的症状表现。细菌感染确实会引起炎症，这时候采用抗生素杀菌，自然能减轻症状，但还有很多炎症，并不是抗生素的"菜"，比如扭伤或者撞伤导致的局部红肿疼痛，都不适宜使用抗生素。其次是认为新药和贵药就一定好。但是，药物本身没有好坏之分，只要对症的药物就是好药，并不在于其价格和发现时间的先后。再次是用药方式不对。很多患者发现药物暂时无效就换药，一旦有效就立马停药。还有的患者对静脉输液有执念，认为其比口服药物效果好。但这些方法不仅容易培养"超级细菌"，还会导致巨大的副作用，甚至危及生命。

> 除了我们人类用的药物，动物用的兽药是不是也存在抗生素滥用的问题？这会转嫁到我们人类身上吗？

是的。在世界范围内，畜牧养殖业应用消耗的抗生素超过了人类医疗用药。养殖户常用抗生素来预防或治疗动物感染，以减少传染病造成的养殖风险。另外，抗生素饲喂可以增加饲料的转化率，促进动物的生长，这也是行业内默认的潜规则。用于动物的这些抗生素会有部分积累于动物体内，最终回归我们消费者，甚至已经提前在动物体内培养出了"超级细菌"，进而直接转嫁到我们身上，然后扩散出去。

> 应对细菌耐药性，除了加强抗生素使用规范外，在研发方向上还有哪些可能？

对抗生素的使用，需要从医生、患者和监管的各个层面和角度进行严要求。除了对已有抗生素的严格管理，开发新的抗生素或者抗菌剂也是我们努力的方向。实事求是地说，人类几乎已经竭尽全力地发掘新型抗生素了，但无可奈何的是，新药物的研发速度远远赶不上细菌抗药性进化变异的速度，因此近些年，科研工作者将目光瞄准了广阔的海洋，甚至是我们人类的肠道，来开发这些未知的领域，以期获得更有价值的新发现。

> 除了开发新药，我们能否尝试降低细菌致病性或耐药性的思路？

在与细菌对抗的过程中，我们人类也在反思，究竟我们这种赶尽杀绝的方案是不是首选？除了"剿灭"，是否有可能和平共处，甚至是化敌为友？因此，新的赛道也包括开发新的非杀菌的抗菌策略，最典型的思路就是通过降低细菌的致病性或者耐药性，将有害的菌变为相对温和的不致病的菌。比如通过分子水平的调控，让这些细菌不再产生毒性因子，那它们即使存在，也不是一个麻烦事；或者针对上文所说的生物被膜结构——既然一旦形成就会有高耐药性，那我们想办法不让它们形成，就可以保持细菌对药物的敏感性，甚至可以通过外部的流动环境让其离开当下的环境位置，从而降低危害。

另外，我们还在努力地改造细菌，"制造"听从我们指挥的工程菌，使其携带抗菌药物，打入敌人内部。当它们成功潜伏后，根据科学家设计的激发响应信号，在关键时间点通过自爆的方式释放出抗菌物质，在敌人内部瓦解敌方部队。

总而言之，面对当下的抗菌战役，我们人类并无十足把握，如何用最小的损失获取更长久的稳定和平安，才是我们需要认真反思的深刻话题。这不仅仅是针对我们这代人，更是为了我们子孙后代的长久大计，值得每个人的警醒与正视。希望在不久的将来，我们面对这些肉眼不可见的小家伙，能够真正说一句，我们赢了。

第四节 生物被膜
——病菌是这样让我们生病的

虽然微生物是那么"微小"，小到我们看不见、摸不到，但它们能在还没有人类的时候就存在于这颗星球之上。到了今天，科技如此发达，这些微小的生物依然还能逍遥自在，那必然有它们自身的"过人之处"，其中一个关键的因素就是微生物的群居生活。

如今我们都有能力把自己送上另一个星球了，但面对致病微生物，为什么我们依然无法将其剿灭，甚至连有效控制都做不到？

其实，放眼自然界，大体的规律是强大的动物大都独居，而相对弱小的动物往往都是群居，比如蜜蜂啊，蚂蚁啊。对微生物来说，同样适用。我们传统的经典的微生物学往往关注单个微生物的生活，针对一个微生物细胞，研究它们的形态、代谢等。但实际上，在自然界，微生物基本都是以群体状态存在的，形成一种叫作生物被膜（biofilm）的结构。

微生物的群体状态是什么样子的?

　　科学家们发现,微生物会寻找适于自己生长的介质,并且黏附在上面,然后分泌大量的胞外基质,将自己包绕于其中,形成一种微生物的群落结构(图 3-15)。在显微镜下观察,能看到这是一种类似于塔状或者蘑菇状的、具有明显三维结构的生长状态。

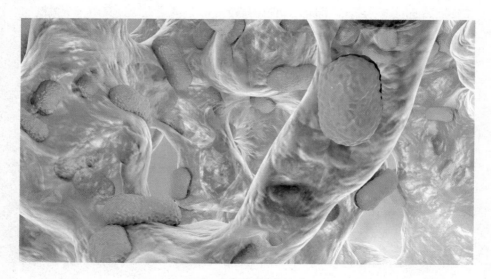

图 3-15　细菌的生物被膜

微生物是如何黏附在载体上的?

　　最开始,微生物会随波逐流,寻找适合自己的载体进行驻扎,就如同搜寻合适的露营地一般,或者是搭建堡垒一般。找到"风水宝地"之后,它们就开始"安营扎寨"。比如，我们临床使用的生物医用材料本身是无菌的，但是当被植入体内后，我们身体的各种体液，像血液、尿液、唾液等，富含多种蛋白、多糖以及各种离子，会将这些材料包覆，形成一层表膜，这对于微生物来说就是一种绝佳的驻扎地，它们开始尝试黏附其上。最开始仅仅是一种"试探性"的黏附，生物被膜并未开始真正地生长，所以这一过程还在可逆阶段。如果微生物对当下环境很满意，会激活特定的基因，特别是与形成生物被膜相关的基因，从而开始分泌蛋白或多糖类物质，将自己绑定于界面之上。当然，不同微生物的分泌物各有差异，但一旦开始这一阶段，也就进入了不可逆程序。

微生物黏附的过程取决于哪些因素？

这种黏附的过程取决于很多因素，比如微生物的浓度、环境的温度、黏附时间、流体剪切力、营养成分以及界面表面的电荷、疏水性等理化因素，这些都可以影响起始的黏附。

微生物被膜是如何形成的？

微生物会分泌大量的胞外物质，我们称之为胞外基质，将细胞自身层层包裹。胞外基质的成分非常复杂，不同微生物各有特色，总体来说，主要包括多糖、蛋白、eDNA、脂类等。随着分泌物的增多，这个"堡垒"就开始逐步扩张，慢慢增大变宽，从平面状态变成有了长、宽、高的三维结构。在这个过程中，不断有新的游离细胞加入其中，为这个小"堡垒"增加新的人气和活力。到达一定程度后，生物被膜就进入了稳定的成熟期，形成了一个"小部落"，不仅对自己的生存或生活具有积极意义，也可以通过不同部落的间隙获得营养，并将废物排除出去。当形成成熟态之后，生物被膜也就达到了一种动态平衡，会释放部分微生物进入环境当中，使之再次"随波逐流"，寻找新的营地（图3-16）。同时，外界也不断有新的微生物入驻其中，生物被膜真正具有了"堡垒"营地的功效，形成"铁打的被膜流水的菌"的状态。这整个的营地，真正的菌体部分其实占比很小，也就两三成的比例，其余部分都是胞外基质，还有大量的水分。

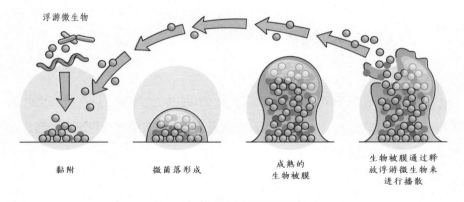

| 浮游微生物 | | | |
| 黏附 | 微菌落形成 | 成熟的生物被膜 | 生物被膜通过释放浮游微生物来进行播散 |

图 3-16　生物被膜的形成与播散

生物被膜中都是同一种微生物吗？

不是的。在真实的自然界中，往往是多菌种形成的混合生物被膜，其中不仅有单个细菌，甚至不仅有细菌，还有细菌、真菌混合的生物被膜（图3-17）。

不同微生物之间的关系非常复杂，如同不同习性的租客住在同一个出租屋内，彼此之间有"相亲相爱"的协同共进，也有"相看两厌"的拮抗，但这种混居的状态也会让其中的部分"居民"进一步提高对药物的耐受性，甚至会使某些菌的产物变成另一些菌生成基质的底物。

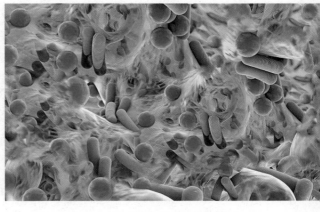

图 3-17　细菌、真菌混合的生物被膜

　　我们最为熟悉或者常见的生物被膜就是我们口腔中的牙菌斑（图 3-18），其中的成分非常复杂，是一个实实在在、自成一体的小的微生态系统。如果从生物被膜的角度来看待，也就能理解为什么我们日常漱口和刷牙都无法将其去除。

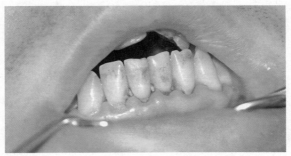

图 3-18　牙菌斑

生物被膜对微生物有什么作用？

　　在临床上，我们说的慢性感染或者耐药性，其实很大一部分都是来自生物被膜。统计表明，人类的细菌感染，有 80% 与生物被膜有关。理论上，几乎所有的微生物都可以形成生物被膜，而且它们也更倾向于形成生物被膜结构。对于微生物来说，生物被膜是它们在自然界存在的主要形式，是一种进化优势，它不仅带给微生物一种新颖的群体生活，更重要的是，它赋予了微生物新的功能，其中最为显著的就是生物被膜结构具有超级强悍的抗逆特性，能够帮助内部的微生物抵御外界不利环境的冲击，提升微生物对高温、高压以及药物等不利理化因素的耐受性，甚至对抗我们机体免疫系统的攻击。比如对于抗生素，与游离状态的微生物相比，生物被膜状态下微生物的耐药性能够提高1000倍。可以想象一下，那得需要多高的药物浓度才能搞定这些隐藏在内部的病菌。

生物被膜是如何帮助微生物进行防御的？

细菌细胞　耐药菌　水平基因转移　蛋白质　多糖　胞外DNA

图3-19　生物被膜结构

最直观也最容易理解的防御机制，就是物理阻碍药物渗透。生物被膜的主要成分是大量的胞外基质，里面杂七杂八混合着各种大分子物质（图3-19）。一方面，这些胞外基质是构成生物被膜的主要结构成分；另一方面，它们也发挥了重要的生理作用。比如不溶于水的胞外多糖，就如同层层的栅栏一般，将菌体牢牢包裹其中，也将药物阻挡于外，形成一道天然的屏障——药物要想进入内部与菌体亲密接触，需要经历这沼泽般的黏稠路途，困难重重。结果充其量只能杀灭生物被膜表面的或者外层的部分菌体，对于内部的菌体几乎构不成任何威胁。而且，更加过分的是，胞外基质的成分本身也会让我们的身体不舒服。同时，它作为一个菌群的驻扎地，就算人去楼空，依然也是一个威胁，因为就算我们用极高浓度的抗生素杀灭了活的微生物细胞，剩下的"无生命的"生物被膜空壳依然可以给后来的微生物一个安身之所，甚至还省去了大兴土木、重新构筑的过程。因此，生物被膜胞外基质本身也是一个需要我们解决的大问题。

为什么药物对生物被膜的内部完全不构成威胁？

当药物进入生物被膜内部后，面对的是一个完全不同于外部的系统，是一个自成一体的"微生态系统"，让气势汹汹的药物瞬间傻了眼。就像现在被人们寄予厚望的免疫疗法，不管是业界还是病人，都期待其成为最新、最有效的抗肿瘤方案，但是在实验室环境中十分高效、理论上也毫无破绽的免疫治疗，为何进入临床后对病患的响应率如此之低？一大原因就是体内肿瘤病灶的微环境极其复杂，直接影响了药物效果。

生物被膜内部的显著特征就是营养物质供给和代谢废物外排都不同于游离菌。暂且不管这种环境对内部菌体基因水平的改变如何，单是给抗菌物质造成的伤害就非常明显。比如，氧气被较多地消耗，导致内部呈无氧环境，部分抗生素在无氧环境下的作用效果会大打折扣。而代谢废物的积累会导致某些酸性代谢物无法及时排出去，使整个微环境呈现酸性，继而使某些抗生素失活。另外，内部渗透压的改变，也会改变菌体外膜蛋白的正常生理状态，降低对药物的敏感性。

> 进入生物被膜的内部环境后，抗生素首先会受损，那接近微生物之后，抗生素和微生物之间又有怎样的对抗？

当药物费尽周折抵达微生物身边之后，新的问题又来了。在生物被膜状态下，微生物的很多基因的表达会发生变化。众所周知，微生物的抗生素外排泵会通过主动外排作用泵出对自身有害的物质，比如抗菌的药物，乃至自己产生的代谢产物等，来调节细胞内部环境的稳定，保护微生物自身免受损害。有证据表明，在很多细菌以及真菌的生物被膜状态下，抗生素外排泵的相关基因会增强表达，也就是说，外排泵的合成显著高于浮游菌，如 MexXY-OprM 外排泵基因的过表达，导致了妥布霉素的耐受性提高。反之，也有研究表明，外排泵基因的缺失会减少微生物生物被膜的形成，并增加生物被膜态微生物对抗菌药物的敏感性。除了上述外排泵基因发生变化，还有很多在生物被膜状态下被特别激活表达的基因，比如 β 内酰胺酶基因的表达上调，提高了对 β 内酰胺类抗菌药物的耐药性。同时，耐药基因水平转移也会发生在生物被膜内部，大家互通有无，进一步扩大了耐药水平。

如果这些坑都可以避过，药物进入了生物被膜内部，以为可以由内而外地瓦解这一组织结构了，那显然也会很让人失望。上文我们说过，生物被膜内部营养物质有限，代谢废物积累，氧气消耗，这会导致菌体生长缓慢，甚至进入一种不生长的休眠阶段——可以参考冬天食物匮乏时很多动物的冬眠。这种状态的微生物几乎"油盐不进"，对抗生素十分不敏感，因此就算药物在身边了，也不会产生威胁。

链接生物课知识点：细胞的主动运输

在学细胞学的时候，我们讲到过细胞的"主动运输"，就是通过载体蛋白的协助，细胞选择性吸收它所需要的物质，排出代谢废物和对细胞有害的

110

物质，从而保证细胞和个体生命活动的需要。细胞的这一功能恰好造成了细菌的耐药机制。

微生物具有的多药耐药外排泵（Multi-Drug Resistance Pump），是指细胞膜上可以将药物等有机小分子或某些重金属离子等毒性物质从胞内排到胞外的跨膜蛋白质主动转运系统。研究发现，许多细菌可以通过外排泵系统将进入胞内的抗菌药物泵出胞外，从而使菌体内药物浓度降低而导致耐药。目前，细菌的多药耐药外排泵被认为是潜在有效的作用靶点，科学家们正把目光关注在多药耐药外排泵抑制剂的筛选上，以求解决微生物耐药的问题。

遇到外来毒性物质，生物被膜内的微生物是独自作战吗？有没有团结协作的可能？

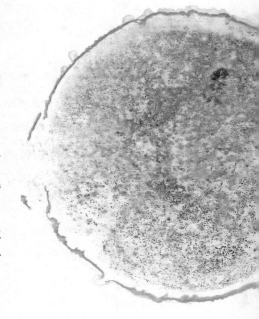

微生物之间的群体行为，很多时候都是同进同退的，而不是单个菌体间杂乱地各自为政，而它们之间的交流方式就是群体感应。通俗地说，就是菌体会分泌一些信号分子，同时接收身边菌的信号，大家互通有无，告诉同伴们自己的状况。当需要协力抵抗外界药物的时候，大家会通过群体感应系统一起吹响战斗的号角。研究也证明，当添加外源的群体感应信号分子的时候，微生物的耐药基因会显著上调。这一行为在革兰氏阳性细菌、革兰氏阴性细菌，甚至真菌中都有发现。

总结一下，生物被膜为微生物群体提供了物理性的屏障保护和无氧、酸性的环境来削弱药物的效力。而微生物自身，在生物被膜内部发生了基因表达和营养限制的变化，并且还有群体感应这个有力"武器"。那面对如此聪明的微生物群体结构，我们还能找到克服的办法吗？

当然了，"魔高一尺，道高一丈"，我们已经了解了生物被膜的这些非一般的特征，就开始想尽办法来针对性地加以解决。我们已经找到了有针对性的各种应对策略，大致分成四步：攻破"堡垒"、设计载体、瓦解"根源"和开发"武器"。

第一步肯定是想办法攻入敌人内部，这个过程会采用哪些方法？

没错，第一步是先攻破生物被膜胞外基质这个厚重的"堡垒"结构。胞外基质有多糖、蛋白质、eDNA 以及脂质等，我们可以采用对应的降解酶来将这些大分子降解，相当于将围墙的栅栏一层一层拆除。没有了胞外基质的包裹，一方面，内部的菌体可以被释放出来，重新变成游离状态，也就恢复了对药物的敏感性；另一方面，胞外的通道也有了更大的空隙，药物也可以更多并更容易地进入其中。另外，也可以从源头上做文章，比如在分子水平上加以操控，直接阻止胞外基质的形成，这样就是一个有缺陷的生物被膜结构，耐药性自然大大降低（图3-20）。

进入生物被膜内部之后，该如何帮助药物克服前面提到的诸如酸性、缺氧之类的环境问题呢？

既然生物被膜内部的微环境与外界大有不同，那自然也给了我们设计特异靶向性的操作空间。针对生物被膜内部独特的微环境，比如 pH 的变化，我们可以设计 pH 响应的载药体系。到了生物被膜内部，环境 pH 改变后，载体加速释放药物，或者外壳崩解，让药物在这个位置释放出来。另外，不同于我们的体细胞，细菌的细胞膜中富含带负电荷的酸性磷脂，因此整体呈现负电荷，而生物被膜内部的胞外物质大部分也为负电荷，我们可以设计带有正电荷的药物载体，让它们靠正负电荷的静电作用，吸附在菌体或者胞外基质成分上，实现对细菌的主动靶向捕获，同时在此处响应激发释放药物，造成局部较高的药物浓度，杀死附近的菌体。

前面提到过，被植入人类体内的医用材料会成为生物被膜的驻扎地。这个问题怎么克服呢？

针对这个问题，科学家目前根据不同的场景设计了不同的抗生物被膜材料，通过改变材料表面涂层性质或加入抗菌物质构建新型功能性材料，从而减少或抑制生物被膜的生长，比如被广泛研究的抗菌涂层或薄膜。医院各类导管是生物被膜分布的常见区域，可以造成病人长期的慢性感染，开发新型抗菌涂层或薄膜，能够有效减少细菌的黏附，进一步遏制生物被膜的形成，从而减少医疗设备相关的感染。而食品领域也是生物被膜形成的一个重灾区，像是常见的食源性致病菌，如大肠杆菌、沙门菌、单增李斯特菌等，非常容易附着在包装材料、加工设备以及盛放器皿上，形成难以消除的保护屏障，赋予这些致病菌极强的环境适应能力，不仅会对食品造成二次污染，加速食品本身的腐败变质，大大缩短产品的货架期，还会导致食源性疾病的发生，而且会反复污染，造成食品相关的危害。因此就需要针对性地开发抗生物被膜材料，并将其应用于食品包装工业。针对这些领域的问题，可以在材料表面进行修饰，或者将抗菌的活性物质包埋在保鲜膜内部，在包裹食材的时候，缓慢释放出来，从而延长食品的保鲜期。

能不能换个思路，开发不受生物被膜制约的新型药物？

说实话，这个难度相当大。我们人类对抗生素的挖掘开发已经上天、入地、下海，但新药的研发速度远远追赶不上微生物的进化速度。即便如此，科学家探索的脚步也没有停止，特别是传统医药以及天然的抗菌活性物质已经吸引了越来越多的关注。或许在我们身边就有意想不到的新颖的抗菌活性物质，特别是那些目标不在于杀灭细菌，而在于控制生物被膜形成的物质，比如生姜中提取的活性物质花姜酮可以抑制念珠菌生物被膜胞外基质中多糖聚合物与DNA的生成，同时下调生物被膜和菌丝特异性基因的表达水平，最终控制真菌菌丝以及抑制生物被膜的形成。这些植物或者食材当中提取的天然活性物质不仅能够有效抑制或者破坏生物被膜，同时对人体的副作用也相对较小，可以作为传统抗菌药物的潜在平替。

除了我们传统的用药物抗菌策略外，科学家也不再局限于单一方案靶向疾病微环境，开始设计同时具备多种响应机制的整合系统，因此多方案复合使用的策略开始逐渐成为新的研究热点，充分利用光、温度、磁场、超声波、活性氧、酶等理化和生物学特性，从不同角度来绞杀、破坏生物被膜和致病菌。

抗菌的同时，我们也不得不承认，药物研发的速度的确赶不上微生物的进化速度。在积极抗菌之余，是否也有别的路径，使我们与致病菌的相处更和谐一点？

　　目前科学家也在改变传统的将微生物赶尽杀绝的思路，尝试采用更为温和的"除菌"方式。借鉴了抗癌领域的"带瘤生存"的理念，并不强求于将致病微生物全部杀死，实际上，不可能也没有必要完全杀死，因为我们并不是生活在一个真空环境中，在我们身体外表和内部，都生活着大量微生物，如果它们不致病或者不对我们身体有什么危害，完全可以"放任自流"，不去管它们。因此，不为了杀菌的"抗菌方案"，也是一个新思路。我们通过调控微生物的生长和代谢，让其不形成生物被膜，不产生毒力因子，不能进行群体感应的交流，从而无法"成为"致病菌，而变成了一种"共生微生物"，达到了人与菌的和谐共处。

　　总而言之，面对微生物生物被膜这一顽疾，我们领略到每一个生命即使再微小，也有大学问。而在这场看似实力悬殊的对决中，人类究竟能否笑到最后，怎样才算笑到最后，也值得我们深刻思考。

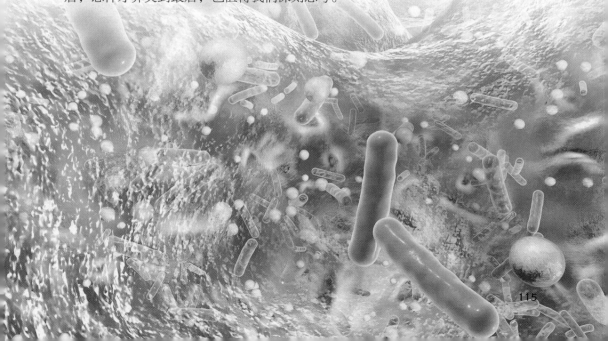

攻占味蕾：
福利共享，喜忧参半

生物技术是应用生命科学的研究成果，对生物或生物的成分、产物等进行改造和利用的技术。生物技术是一个综合性的技术体系，我们可以将它与工程学原理相结合，来进行研究、设计和加工生产，为社会提供服务。食品工业是微生物最早开发和应用的领域。

第一节 酵母

——从货架上的"三体人"到料理大师

生物课本中提到过，面包、酸奶、馒头、腐乳，这些人们喜爱的美食的制作都离不开微生物发酵。什么是发酵呢？酵母有哪几种？除了这些美食，酵母还能用来干什么？从酵母到发酵工程，一次说清楚！

什么是发酵？

先来预习（重温）一下生物课课本中"发酵"的概念：发酵，是指人们利用微生物，在适宜的条件下，将原料通过微生物的代谢转化为人类所需要的产物的过程。不同的微生物产生的代谢物不同，因此可以分别满足人们的不同需求。

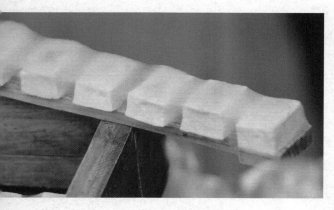

以受人们欢迎的美食——腐乳为例，它的生产历史十分悠久，早在公元5世纪的北魏古籍中就有对腐乳生产工艺的记载。腐乳是豆腐经过酵母、曲霉和毛霉等微生物的发酵，蛋白质被分解成小分子的肽和氨基酸而形成的，味道十分鲜美（图4-1）。

图4-1 正在发酵的豆腐乳原材料

这些参与发酵的微生物是豆腐中天然存在的，其中毛霉起着主要的作用，这种方式属于传统发酵技术，类似的食品还有酱、酱油、泡菜、豆豉、醋（图4-2）等。

图 4-2　装有醋的醋坛

链接生物课知识点：我国发酵工程发展历程

9000 年前，我们的祖先就会利用微生物将谷物、水果等发酵成含酒精的饮料，后来开始利用传统发酵技术生产酱油、醋、豆豉、腐乳、酸奶等食品，但当时人们并不明白其中原理。

1850 年，法国化学家、微生物学家巴斯德通过实验证明，酒精发酵是由活的酵母引起的，从而将酵母和发酵联系起来。

1897 年，科学家发现了酶在酵母发酵中的作用，人们才开始了解发酵的本质。随后，随着发酵生产的工艺设备的不断完善，发酵开始向工业化生产方向发展，酒精、柠檬酸、淀粉酶等开始出现。

20 世纪 40 年代，利用发酵工程大规模生产青霉素成了研究的主攻方向，青霉素的生产实现了产业化，抗生素发酵工业兴起。

1957 年，用微生物生产谷氨酸获得成功。之后，酶制剂、多糖、维生素发酵工业相继兴起。

20世纪70年代以后，发酵工程进入了定向育种阶段，比如可以将动植物的基因转移到植物中去，获得具有特殊生产能力的微生物，大量生产人们需要的产品，人胰岛素、干扰素等相继出现。

20世纪80年代，科学家开始研究发酵过程的参数控制。目前，人类已经能够自动记录和控制发酵过程的全部参数。

酵母在发酵中扮演着什么样的角色？

　　酵母（图4-3）是一类单细胞真菌，能以多种糖类作为营养物质和能量来源，因此在一些含糖量较高的水果、蔬菜表面经常可以发现酵母的存在。酵母是兼性厌氧微生物，在无氧条件下能进行酒精发酵，可用于酿酒、制作馒头和面包等。

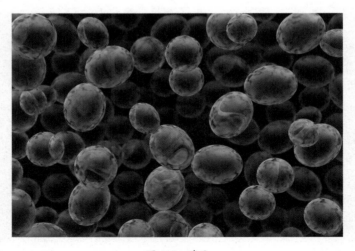

图4-3　酵母

据不完全统计，酵母至少包括 2000 多个不同的种，最常见的酿酒酵母
（*Saccharomyces cerevisiae*）仅仅是其中的一个种。除了酿酒酵母，绝大部分
酵母不为大家熟知，其生理特性和应用价值尚未得到深入研究，因此，对于酵
母的研究大有可为。

事实上，酵母在传统食品制作过程中不仅起到发酵的作用。在酿酒过程
中，酵母除了起到产酒的作用，还能够产香，从而获得更好的口感与风味。

例如，在对茅台酿酒车间粉碎后的生
产用曲的研究中发现，扣囊复膜酵
母（*Saccharomycopsis fibuligera*）固
态发酵物具有浓郁的果香味，其中以
乙酸乙酯、乙酸异戊酯、苯乙醇、乙
酸苯乙酯、棕榈酸乙酯含量较高；多
株伯顿丝孢毕赤酵母（*Hyphopichia
burtonii*）固态发酵物呈浓郁的花香味，
其中以乙酸乙酯、乙酸异戊酯和苯乙
醇含量较高（图 4-4）。

图 4-4　酿酒厂

　　我国西北地区有一种传统发酵类制品——浆水，风味独特，
醇美清香，营养丰富，有清热解暑之功效，是深受欢迎的夏令风
味食品。它也属于传统发酵食品，它的制作用到了哪种酵母？

酵母的加入是浆水制作中极其重要的步骤。研究结果显示，浆水中的优
势好氧微生物主要是酵母菌群和醋酸菌群，其中酵母归入三个属，分别为酒香
酵母属、瓶形酵母属和假丝酵母属；醋酸菌鉴定为醋酸杆菌属。

图 4-5　新疆奶酪

我国游牧民族大多保留着自制食用传统发酵乳制品的习惯，例如奶酪。新疆地区的传统发酵乳制品具有鲜明的地域特点，当地传统方法生产的奶酪（图4-5）富含当地自然环境中丰富的微生物资源，营养价值高，并具有较好的益生作用。对新疆塔城地区哈萨克族传统奶酪中的酵母进行分离鉴定，从采集的 10 份样品中分离纯化得到 44 株酵母。

酵母的生殖方式是什么？

酵母有一个很特殊的无性生殖方式，即出芽生殖。亲代借由细胞分裂产生子代，在一定部位长出与母体相似的芽体（图4-6），即芽基，芽基并不立即脱离母体，而是与母体相连，继续接受母体提供的养分，直到个体可以独立生活才脱离母体。有趣的是，在英文中，亲代细胞被称为 mother cell，子代细胞被称为 daughter cell。根据报道，在特定的环境条件下，一个酵母细胞一生可以产生 30 个左右的芽。但是，不同的酵母菌株以及在不同的环境条件下，酵母出芽的情况不完全相同。

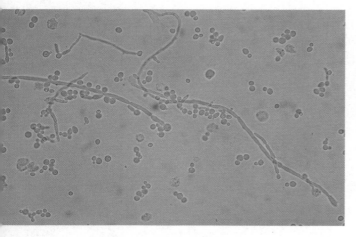

图 4-6　新鲜的酵母细胞

我们经常在超市货架上看到的"活性干酵母"是什么？

在刘慈欣的科幻小说《三体》中，三体人为了应对严酷的生存环境，通过脱水休眠度过环境恶劣的"乱纪元"，在适宜生存的"恒纪元"到来时，通过在水中浸泡而复活。

如今我们在超市货架上看到的活性干酵母（图4-7），是由特殊培养的鲜酵母经压榨干燥脱水后制成的仍保持较强发酵能力的干酵母制品，实质是"没有生命活动但同时又是活着的生物"，该现象在理论上称为"回生"，是生物的一种保存状态，其新陈代谢处于极端低的或停止的状态。活性干酵母见水后可以变成具有生理活性的细胞，所以又称之为即发活性干酵母。这样听起来，活性干酵母有点像在货架上等待"复活"的"三体人"。

图4-7　活性干酵母

先干燥再复活的过程，对酵母的活性不会产生影响吗？

干燥、再水化、活化的过程对于酵母本身来说是有害的，会导致酵母细胞结构、理化性质等方面的改变，因此尽可能保留原有的发酵活性对于活性干酵母的生产十分重要。要做到这一点，获得抗逆性高的菌种非常关键。

为获得合适的菌种，最初的菌株筛选方式是从自然界中直接筛选目标菌株，但如今通过物理或化学方法对酵母进行诱导遗传改良、通过原生质体融合技术获得基因重组菌株等手段进行菌株选育，可以获得性能更好的酵母菌株。

值得一提的是，如今发现微生物小蛋白在胁迫逆境中发挥着重要作用。例如，实验证明小蛋白 Stf2p 及 Sip8p 有助于提高酿酒酵母脱水后的存活率，可见环境胁迫响应的小开放阅读框（small Open Reading Frame，sORF）的挖掘对构建抗逆性增强的生产菌株具有很好的应用前景。未来随着科技的发展，人们将研发出更多神通广大的酵母，既能生产多样的天然不能生产的蛋白和活性物质等产品，又具备非常强的环境胁迫耐受性。

酵母的使用在我国历史悠久，除了食品，酵母还有哪些应用？

在人类文明发展的历程中，酵母的身影时常可见，作为人们应用最早的一种微生物，酵母可以算得上是人类的老朋友了，与我国更是颇有渊源。全球最高产的酒精饮料拉格啤酒，15 世纪开始在德国巴伐利亚地区出现，目前已证实，拉格啤酒发酵酵母为巴斯德酵母（*Saccharomyces pastorianus*）。而近年的群体遗传学和群体基因组学研究表明，拉格啤酒酵母的野生亲本真贝酵母（*S.eubayanus*）起源于青藏高原，可能通过丝绸之路传播到了欧洲。

从古至今，酵母为人类带来了各种各样的食物，啤酒、酒精饮料、乳酪、面包、馒头等，这些发酵食品如今已经成为人类饮食中不可或缺的部分。酵母的加入不但丰富了食品的风味，提高了营养价值，发酵食品较长的保存时间也帮助人类度过了食物匮乏的时光。随着现代科学技术的发展，酵母多样性被更多地揭示，越来越多不同种类的酵母被人类发现并利用起来，在食品、轻工业、生物医药、生物能源等领域都可以看到酵母的身影，陪伴人类千万年的酵母如今有了越来越广泛的应用前景。比如，酵母生产的燃料乙醇，已经以 10% 的比例加入汽油中，作为部分替代汽油的能源在我国广泛使用。人类的好朋友酵母在现代科学技术的支撑下又拥有了更大施展本领的舞台。

> 很多护肤品的成分表中有"酵母"字样，如果比较关注各大护肤品品牌，会发现酵母来源的发酵原料一直是国内外品牌强功效护肤产品中具有代表性的活性成分。这类成分已经得到消费者的广泛认可，甚至成为"成分党"的追逐目标。与"酵母"有关的这些成分具体是什么呢？

首先要消除的一点误区是，酵母不能直接用在面部，所以通常护肤品中加入的并不是酵母，而是某种酵母的发酵产物或者提取物、滤液。酵母提取物又称酵母抽提物，它是通过酶法、化学处理法或高压均质破壁等技术将酵母细胞的蛋白质降解成氨基酸和多肽，核酸降解成核苷酸，并把它们和其他有效成分如 B 族维生素、谷胱甘肽、Cu、Fe、Zn、Se 等微量元素一起从酵母细胞中抽提出来所制得的水溶性营养物质的浓缩物。因含有丰富的小分子肽、游离氨基酸、维生素、核酸、核苷酸等活性成分，如今酵母抽提物被广泛应用于化妆品领域中（图 4-8）。例如，国产品牌自然堂自研自产的发酵功效原料——喜默因，就是将从喜马拉雅食品中筛选出的酿酒酵母 Y017 发酵产物，添加在了第五代"小紫瓶"精华中；SKII 的"神仙水"中就加入了 Pitera——是一种对特殊天然酵母进行专门发酵后获得的半乳糖酵母样菌发酵产物滤液。

图 4-8　各种类型的护肤品

这些备受各大品牌追捧的酵母提取物究竟有哪些功效呢?

酵母中含有丰富的蛋白质,一般超过 40%,甚至高达 60%。酵母含有完整的氨基酸群,包括人体必需的 8 种氨基酸,特别是在谷物蛋白中含量较少的赖氨酸,它在酵母中含量较高。多肽和皮肤细胞间存在比较好的亲和性,相比于核酸、蛋白质等高分子天然活性物质,多肽类易溶于水,分子质量小,易被吸收利用,在美白、抗氧化和修复肌肤等功效方面,活性多肽的性能远优于分子较大的蛋白质,且其具有相对的安全稳定性。研究表明,具有抗皱成分的多肽,如棕榈酰五肽(Pal-KTTKS)、棕榈酰六肽(Pal-VGVAPG),能够促进透明质酸、弹性蛋白和胶原蛋白的合成,从而提高皮肤含水量,减少皱纹的产生。酵母在现代科技的推动下,也能成为美丽事业的重要使者。

随着合成生物学的发展,我们可以对微生物进行改造,让其为我所用,那么对于酵母,我们也可以改造利用吗?有没有相关的例子?

每个细胞都是一个精准协调控制的"工厂",现代科技使得人类能够利用这些高效"工厂"进行工业生产。近年来,很多研究者利用合成生物学技术对酿酒酵母进行改造,用于合成在植物中通常积累量少,或者合成途径复杂、不容易调控,或者受外界条件限制较多而产量不稳定的天然产物,利用合成生物学手段构建酿酒酵母细胞工厂,有利于实现稳定可持续的生产和调控合成。

目前来说,最成熟的当属酿酒酵母的应用技术。天然酿酒酵母菌株的应用也不仅局限在发酵食品和啤酒、葡萄酒等酒精类产品的发酵,还有很多其他用途。酿酒酵母可以用于生物燃料和化学品的生产。例如，从甘蔗渣里分离出的酿酒酵母 YB-2625 菌株具有比其他菌株更好的木糖利用性能，因此作为良好宿主，经过代谢工程改造后可用于生产燃料乙醇或化学品。

还有自絮凝酵母 SPSC01，它是通过原生质体融合技术构建的特殊酵母，在液体培养基中可以形成絮凝颗粒，这些颗粒更容易沉降，可以节省大型离心机的设备投资和运行的能耗。在国家大型燃料乙醇工程中，我国研究者开发的自絮凝酵母乙醇连续发酵工艺得到了成功应用，该技术获得了 2008 年教育部科技进步奖二等奖，小小的酵母在生物能源领域立了大功！

除了酿酒酵母，还有哪些酵母应用比较多？

近年来，非常规酵母引起了人们的重视。非常规酵母指的是生理和遗传特性还未完全清楚或者人们认识较晚的酵母，数量很多（超过上千种）。虽然和酿酒酵母相比，非常规酵母遗传改造效率不高，但一些非常规酵母具有特殊的生理特征或者良好的耐性，在工业应用上极具优势（图 4-9）。目前针对一

图 4-9 生物燃料工厂

些非常规酵母，包括克鲁维酵母、解脂耶氏酵母、拜氏接合酵母等，已经建立起有效的改造方法。例如，马克斯克鲁维酵母具有在真核微生物中生长速率最大、可在45~52 ℃高温下生长、代谢底物范围广（包括葡萄糖、甘露糖、半乳糖、乳糖等六碳糖和木糖、阿拉伯糖等五碳糖）等特点，可以代替酿酒酵母成为发酵木质纤维素生产乙醇的良好选择。

如何更好地利用这些高效精密的生产"工厂"，为人类带来更多的价值，这是当下研究者仍在不断探索的问题。

酵母，一种微小到我们无法用肉眼观察到的微生物，却与人类并肩走过了成千上万年的岁月，伴随着人类文明从稚嫩的童年时代逐渐成长起来。而随着现代科技的发展，酵母越来越多的利用价值正在被开发，越来越多地影响着人类的日常生活，更多酵母的奥秘等待我们去发现。相信在未来，酵母会为人类带来更多价值！

第二节
—— "十里同风不同酒"

　　看完上一节，相信你对酵母和发酵工艺有了总体概念。本节我们主要聊聊酿酒，尤其是我国历史悠久的白酒酿造。酿酒既是一种工作，同时也是一门技艺。酒的酿造主要讲究一个"酵"字，靠的就是发酵时间和复杂的微生物相互作用产生的效果，其中，酿酒微生物起到了至关重要的作用。

> 　　我国白酒的酿造历史悠久，且白酒种类众多，几乎达到了"十里同风不同酒"的程度，微生物在这差别中起着怎样的作用？

　　酿酒微生物是近些年出现的一个专业名词，其主要意思是指在酿造过程中使用的对白酒的品质产生关键影响力的微生物。这些微生物中有哪些种类、如何发挥作用，这是白酒工艺研究面临的重要课题。

　　大曲、发酵容器、空气、生产工具和原料等都是酿酒微生物的主要来源。白酒生产（图4-10、图4-11）中，酿酒微生物群落的多样性形成了非常复杂的微生物生态系统，同时提供了一个非常稳定的微环境，使各种功能的微生物能够相互协同，各自发挥作用。

图4-10　白酒

图 4-11　白酒酿造

具体来说，哪些微生物可以用来酿酒?

当前来看，酿酒微生物存在着很多类型。为了更好地进行分辨，我们通常采用功能法进行分类，也就是按照微生物的功能进行分类，大致可以分为三类。

第一类是以霉菌为主的类型，它们的主要作用就是将材料中的淀粉快速分解成为糖分，以供发酵。我们通常也称这一类微生物为糖化菌类微生物菌群。

第二类是以酵母为主的微生物类型，其主要作用就是进行二次分解，将第一类霉菌微生物分解产生的葡萄糖进行再分解，更好地提供发酵产物。白酒的最主要成分乙醇就是它们产生的。这一类微生物通常被称为发酵菌类微生物菌群。

第三类微生物以各种细菌为主要类型，主要作用是把分解出来的营养物质通过提炼产生香气，达到产生浓郁酒香的目的。所以对于这类微生物我们称之为生香菌类微生物菌群。

霉菌酿酒有什么特点？

　　霉菌是我们生活中常见的微生物之一。在白酒生产过程中常见的霉菌有曲霉（图 4-12）、根霉（图 4-13）、念珠霉、青霉（图 4-14）和链孢霉。曲霉是酿酒业使用的糖化菌种，与制酒关系密切，菌种的好坏直接决定了出酒率及酒的品质；根霉作为自然界分布广泛的一种霉菌，常生长在淀粉基质上，空气中也含有大量根霉孢子，是小曲酒的糖化菌；而青霉是白酒生产中的最大敌人，青霉菌的孢子耐热性强，曲块易受潮的表面容易产生青霉，车间内卫生不够清洁经常也会导致青霉生长，严重影响白酒的品质。

图 4-12　曲霉

图 4-13　根霉

图 4-14　青霉

酵母酿酒有什么特点?

酵母是一种由真核细胞构成的单细胞微生物,经过发酵后能够形成多种代谢产物。白酒生产中几种常见的酵母菌种有生香酵母、酿酒酵母(图4-15)、假丝酵母和白地霉等。其中酿酒酵母是产酒精能力最强的一类酵母,其形态以椭圆形、卵形、球形为多,繁殖方式为出芽繁殖。生香酵母具有很强的产酯能力,能够使酒醅中酯含量增加,从而呈现更多突出的香气。

图 4-15　酿酒酵母

可以用来酿酒的细菌有哪几种?

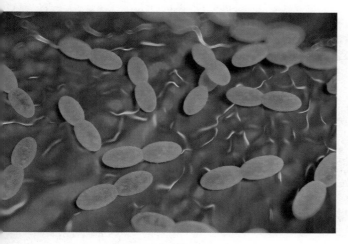

在白酒生产中常见的细菌菌种有醋酸菌、己酸菌、丁酸菌、乳酸菌。醋酸菌(图4-16)是白酒生产过程中产生的重要菌类,由于白酒发酵生产是固态法开放式生产,感染醋酸菌是必不可少的,醋酸菌含量过多会使白酒呈现刺激性气味,所以在发酵过程中控制醋酸菌生长是十分重要

图 4-16　醋酸菌

的。乳酸菌（图4-17）
能够使发酵糖类产生乳
酸，乳酸又会通过酯化
反应产生乳酸乙酯，乳
酸乙酯是白酒主要风味
物质之一，能够使白酒
产生独特的香味。

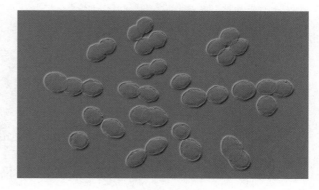

图 4-17　乳酸菌

如此说来，一款美酒的诞生，微生物的影响力一点不亚于原材料和工艺？

　　是的，酿酒是一个原理非常复杂的多种微生物参与完成的工艺过程，正是由于发现了酿酒微生物的主导作用，使得我们对白酒品质的分析从传统的辨色闻香阶段进阶到了微观阶段。这是一次里程碑式的飞跃，也是一次全新的突破。一壶美酒的酿成，不仅需要自身原有的物质基础做支撑，更需要各种复杂微生物相互作用、相互协调，这样酿造出来的酒才会产生令人陶醉、流连忘返的香味。制造不同风格的酒品过程中，不仅要熟练掌握制酒工艺流程，更要对微生物的作用有充分的认识，做到趋利避害，有针对性地开发特殊香型白酒的加强菌剂，从而更加可控地酿造出味道醇美、唇齿留香以及风格多变的美酒。

第三节 **防腐**
——冰箱 & 防腐剂，你想错也用错了

　　人类为了阻止微生物对食物的破坏，发明了冰箱，还有各种防腐剂，将食物的保存期限大大延长。不过，微生物无孔不入，人们操作上的失误很可能导致微生物迅速繁殖，污染食物。

　　说起食物防腐，不能不提工业革命的伟大发明——冰箱，它和食物、微生物三者之间存在什么样的作用机理？

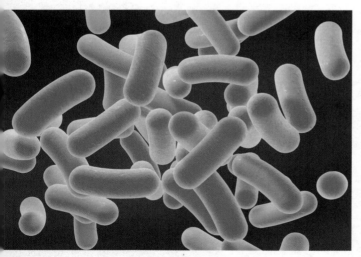

图 4-18　需氧性芽孢杆菌

　　食物腐烂，不单单局限于食物外表性状改变、异味产生、昆虫繁殖，还包括多种肉眼难以观察到的化学变化，如蛋白质酸败、脂肪酸败等，它们也是腐烂气味产生的原因。而微生物如需氧性芽孢杆菌（图 4-18）、厌氧性梭状芽孢杆菌、霉菌、酵母等便是首要的罪魁祸首。

冰箱密闭的环境让温度始终维持在特定范围值，这是十分有效的保鲜手段，不光能阻挡昆虫入侵，最重要的是，低温使大部分微生物的生长受阻，冰箱充当了十分重要的防腐角色（图4-19），而冷冻提供的是更长效的保鲜防腐。

图 4-19　冰箱保鲜

人们普遍认为剩菜热着放进冰箱会损害冰箱功能，得凉了再放，那从微生物学角度看，这样的方法对吗？什么温度下把剩菜放进冰箱是最恰当的？

绝大多数人认为剩菜的热蒸气在短时间内会损害冰箱压缩机，所以剩菜应该彻底放凉才能放进冰箱，但遗憾的是，在低于 60 ℃时，微生物便开始大量繁殖，等剩菜凉透，此时食物表面已滋生大量微生物。

正确的做法：趁剩菜温热状态下，外包一层保鲜膜放进冰箱即可（图4-20）。最重要的是，冰箱里保存的非生食食物，一定要充分加热，经充分高温杀菌的食物吃起来更放心。

图 4-20　给食物包裹一层保鲜膜再放入冰箱

> 冰箱的冷藏室虽然能暂时延缓部分微生物的繁殖速度，但由于其温度的限制，对于有些微生物也束手无策，有哪些我们需要特别小心的？

比如李斯特菌，号称"冰箱杀手"，它的最适温度在 4~10 ℃，李斯特菌（图 4-21）可在此温度条件下大量繁殖，这刚好也是普通冰箱的冷藏温度。李斯特菌能在 -20 ℃条件下存活一年，十分可怕。食用携带李斯特菌的食物会出现腹泻、感冒、发烧等肠胃反应。

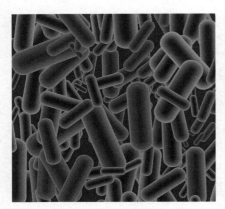

图 4-21　李斯特菌

李斯特菌最大的杀伤力在于它可以经血脑循环：在脑血管与神经胶质细胞间有一道血脑屏障，阻止血液中有害物质损伤脑部，而白细胞等淋巴细胞可以自由穿透血脑屏障，李斯特菌可以通过进入淋巴系统进而攻击脑部，使感染者患上脑膜炎或脑炎危及生命。孕产妇不慎感染李斯特菌将可能直接导致胎儿流产或新生儿夭折。

> 那该如何避开连冰箱都束手无策的李斯特菌呢？

首先，生熟食物一定做好分区，生食食物一定要清洗干净，而其余食物一定要加热彻底才能食用，食物中心温度需要至少保持在 70 ℃以上 2 min 才能将李斯特菌杀死。

冷冻和冷藏比起来，虽然对食物口感的破坏性更大，但保存时间大大延长了，尤其是上班族，经常一次买回一大堆东西一"冻"了事。不过冷冻也不是万无一失的吧?

是的。冰箱虽好，但冷藏尤其是冷冻，是一个破坏食物细胞的过程。冰冻产生的冰晶破坏细胞结构，食物再经解冻，细胞结构将会进一步被破坏。

虽然冷冻给食物储存带来了很大便捷，但是最直观的影响就是使冷冻食物口感欠佳（图4-22）。其次，反复冻融多次会造成食物表面大量微生物繁殖。不过，正是靠冷冻，囤积的食物才得以用于应急，此时口感已经不那么重要了。

图4-22　冷冻肉

很多人习惯直接将冷冻食物泡在热水里化冻，这样安全吗?

解冻的要领在于，减少食物表面微生物大量滋生。很多人习惯直接将待解冻的食物泡在水里，这其实并不可取，静水中解冻的食物是微生物的温床，随着温度上升，微生物繁殖加快，且静水不流动，微生物的积累更多。所以尽可能选择流水解冻，但是由于存在浪费水源的问题，也可选择时间相对较长但微生物繁殖少的冷藏解冻或者微波解冻（图4-23）。

图 4-23　利用微波炉解冻

> 　　除了冰箱，人类还发明了防腐剂来给食物保鲜。市售成品食物大多含防腐剂，在快节奏的生活中大受年轻人热捧，但长辈们总会告诫我们防腐剂的危害，利弊该如何权衡呢？

　　如果你看到食物配料表中含有苯甲酸、苯甲酸钠、山梨酸、山梨酸钾、丙酸钙、茶多酚等，那么恭喜你，这个食物里含防腐剂。防腐剂通过阻遏微生物重要生理生化反应达到抑菌作用。食品防腐剂属于添加剂，不得滥用，更不能过量食用。

图 4-24　防腐剂

　　我们从小就被长辈告诫少吃含防腐剂的食物，所以一说到防腐剂，很多人就认为它对身体有害。其实，谈防腐剂不能抛开剂量，市售正规商品所添加的食品防腐剂（图 4-24），都是符合食品法律监管的，严格按照国标执行，所以不用过于担心。当然，黑心小作坊可能存在违规添加食品防腐剂的现象，我们要尽量避开不正规的小作坊商品。

　　在我们印象中，罐头类食品仿佛就是防腐剂的代名词，感觉里面添加了大量的防腐剂，保质期才那么长，是这样吗？

　　错，这里有一个很多人都不了解的情况，其实正规的罐头食品（图4-25）是不含防腐剂的，这是国家规定的。原因很简单，罐头食品经过排气，抑制了好氧微生物的繁殖，再经巴氏杀菌法，杀灭了绝大部分易造成食物腐败的微生物，所以在保质期内的罐头都是可安全食用的，罐头食品不再需要额外添加防腐剂，更何况国家规定不允许添加。

图 4-25　黄桃罐头食品

第四节 代糖
——真减肥，还是越喝越胖

减糖、控糖之风日渐兴盛，各大食品厂家为迎合当下消费者的消费理念，各种无糖、减糖食品也如雨后春笋一般涌现出来。但关于无糖食品的负面新闻亦是层出不穷，尤其是"无糖饮料会让人越喝越胖"的论调更是日渐成为人们的共识。那么，无糖饮料是否不利于我们的体重控制，甚至威胁到我们的身体健康呢？

市面上的无糖饮料，并非真的无糖，对吗？

图4-26　各种饮料

随着人民生活质量的不断提高，人们对于自我提升的需求也愈发强烈，对于自身体重的控制就是其中之一。由此，社会上的减糖、控糖之风日渐兴盛，各大食品厂家为迎合当下消费者的消费理念，各种无糖、减糖食品也如雨后春笋一般涌现出来。首先应明确一点，我们从市面上能购买到的"无糖"饮料，除"东方树叶"（茶饮料）、矿泉水等真无糖饮品外，大部分的饮料厂家为了增加口感，都会使用甜味剂或者代糖代替蔗糖成为饮料中的甜味来源（图4-26）。

什么是代糖？

代糖又分为天然代糖如赤藓糖醇（图4-27）、甜菊糖苷、木糖醇以及人工代糖如阿斯巴甜、安赛蜜等。从化学分类的角度上看，代糖大致包含了如左旋糖类，糖醇、糖苷等糖类衍生物以及人工合成的甜味物质三类，它们的共同特点是可以刺激味蕾产生甜味，但由于分子自身的结构特点无法被小肠上皮细胞吸收进入人体提供能量（人

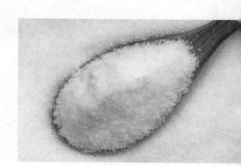

图4-27　赤藓糖醇

体对于糖类的吸收有选择性，一般只吸收葡萄糖），因此近年来各种代糖被贴上了"低热量""减肥帮手"的标签。

事实上，看待代糖对于人体的影响时，我们无法仅就"代糖无法被人体吸收"便得出"代糖不会使人发胖"的结论。因为虽然代糖本身能带给人体的热量微乎其微，但代糖可能会使人体激素发生紊乱，抑或刺激甜味受体进而增加食欲，使人发胖。现在反对代糖的主流论调也在就这点对代糖进行抨击。

那代糖会让我们发胖吗？

这点其实尚无定论。关于代糖是否会促进食欲，各大公众号文章中大量引用了美国南加州大学凯克医学院领导的研究团队通过随机交叉试验调查非营

图 4-28　人造甜味剂包

养性甜味剂（NNS，图4-28）对不同人群大脑活动和食欲反应的影响的实验结果。该结果认为，含有代糖的饮料不但不会帮人减肥或保持体重，还可能让女性和肥胖人群食欲大开。但大部分文章中并未提及的是，虽然该论文最后确实得出了"女性个体和肥胖者可能对三氯蔗糖引起的不同神经反应特别敏感"，但这些关系"没有达到统计学中的显著性阀值，所以不具有统计学意义"。换句话说，该研究可能只是个偶然性事件。原论文最终也没有得出"甜味剂会增强人的食欲"的确切结论。另外，许多研究代糖与体重增加关系的实验都是以大鼠作为实验对象，并且测试的代糖计量更是超出了饮用上限的10~100倍，更不具有实际意义。所以，现今关于代糖与体重增加间的关系并没有一个确切的定论。

代糖是否会对我们的身体产生不利影响？

日前由以色列魏茨曼科学研究所伊兰·埃利纳夫（Eran Elinav）教授和伊兰·西格尔（Eran Segal）教授领衔的研究团队在《细胞》（Cell）期刊发表了重要研究成果。他们开展了一项旨在评估非营养性甜味剂（NNS）对人类代谢健康和微生物组影响的随机对照试验。研究者共测试了4种NNS，分别是阿斯巴甜（aspartame）、糖精（saccharin）、甜叶菊（stevia）和三氯蔗糖（sucralose）。这项研究的研究团队巧妙设计了随机对照实验，并结合动物模型，系统揭示了NNS对人体血糖反应和微生物群的影响。研究者发现，糖精和三氯蔗糖会对参与者的血糖反应产生不利影响。NNS 也会显著改变人类微生物群的组成和功能。动物模型也证实，NNS 可通过肠道微生物影响宿主对血糖的反应。

> 从无糖、减糖食物的兴起，到公众对甜味剂态度的变化，说明了什么？给食品厂商带来哪些反思？

随着越来越多的科学家通过不同的角度对甜味剂进行深入研究，不断提醒我们对甜味剂应进行全面评估并严格按照安全剂量使用，相关标准和规范应该与时俱进。

为迎合消费者"纯天然"的健康需求，越来越多的食品厂商在生产无糖食品时摒弃了曾大量使用的合成甜味剂如阿斯巴甜和糖精，转而使用安全性更高的天然甜味剂如赤藓糖醇、木糖醇或山梨醇。以近年热度愈发高涨的赤藓糖醇为例，工业上常以微生物发酵法制得，使用的菌种为常见的酵母；与此同时，微生物发酵法制得赤藓糖醇的底物选择范围广泛，既可以以葡萄糖和甘油为底物，又可以以可再生资源或废弃物如粗制甘油、糖蜜和餐厨废弃油、农作物废弃物（如大豆残渣）或微藻残渣为原料进行发酵。赤藓糖醇的广泛应用，不仅为减肥人士带来了福音，而且实现废弃物的回收再利用对于环境保护和能源节约也具有重要意义。各种甜味剂甜度见表 4-1。

表 4-1 各种甜味剂甜度

种类	名称	甜度（相对于蔗糖）	热量
糖醇类	木糖醇	0.6~1.0	营养性甜味剂，具有少量热量
	麦芽糖醇	0.75~0.95	
	赤藓糖醇	0.75	

（续）

种类	名称	甜度（相对于蔗糖）	热量
糖醇类	山梨糖醇	0.5~0.7	营养性甜味剂，具有少量热量
人工合成类	安赛蜜	200	非营养性甜味剂，热量忽略不计
	糖精	300	
	甜蜜素	30~50	
	阿斯巴甜	200	
	三氯蔗糖	600	
天然植物来源	甜菊糖	200~300	
	罗汉果苷	200	
	甘茶素	600	

作为消费者，我们应该如何理性看待那些"代糖"食品？

　　就目前的各类实验结果来看，代糖不是人们口中的"洪水猛兽"，也不是商家吸引消费者的"金字招牌"。相反，合理的代糖摄入才可以有效帮助我们控制体重，虽然代糖只有部分或者基本不参与人体代谢，而且因为其不易被消化吸收，作为一种类似纤维素的存在可以促进排泄，但过量摄入会增加肠胃负担，诱发腹泻，引起体内电解质失衡及酸碱平衡的紊乱。

　　真正帮助我们变美变健康的是自律及规律的作息、营养的饮食和适量的运动，仅靠无糖食品很难达到我们预期的效果。

赋能科技:
小小身躯,大大作为

从玻尿酸到人造肉,从塑料降解到生物修复,
微生物带给我们的惊喜可不止一点点……微生物
技术的发展给生物制造带来了变革。

第一节 生物经济时代
——从玻尿酸到人造肉

微生物和微生物技术是生物技术创新的源泉，现代微生物技术是生物制造的支柱，微生物技术在农业发展、环境保护、生物质资源利用等方面大有可为。

微生物，我们虽然肉眼看不见，却与我们生活的方方面面息息相关。总体来说，微生物影响着人类生活的哪些方面？

　　微生物是一切肉眼看不见或看不清楚的微小生物的总称。地球上的微生物物种粗略估计在百万数量级之上，是地球上最为丰富多样的生物资源，参与了物质元素的生物地球化学循环，影响着全球气候变化。此外，微生物是环境中重要的分解代谢类群，负责植物和动物残骸的分解和循环，同时也是环境废弃物和人类污染物降解的主力军。缺少了它们，生物圈的物质和能量循环将中断，地球上的生命将难以繁衍生息。另外，农作物中的微生物影响着作物的营养吸收、病虫害的发生和作物的产量；肠道中微生物与人体的多种疾病相关联，影响着疾病的治疗和临床研究。随着微生物发酵技术的不断应用，我们今天日常生活所需的酱油、醋、酒类等发酵食品不断涌现。因此，微生物和微生物技术与人类生活息息相关、密不可分。

据了解，生物技术的很多关键性突破都是从对微生物的研究中取得的，能否举个例子?

生物经济时代，引发科技产业重大革命的基本因子就是基因工程技术。基因科技的发展是推动生物经济众多领域快速发展的原动力。1953 年，DNA双螺旋结构（图 5-1）的发现使生物经济进入了孕育阶段；而 20 世纪 80 年代基因工程技术的产生，标志着生物经济进入了成长阶段。容易被大家忽略的是，基因工程技术产生的关键在于从微生物中发现的限制性内切酶！

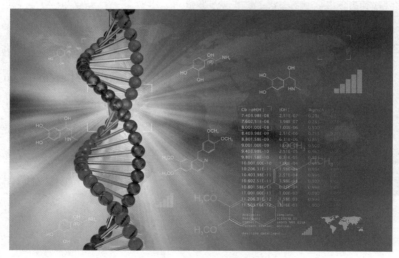

图 5-1　DNA 双螺旋结构

1971 年，美国微生物学家内森斯和史密斯在细胞中发现了一种"限制性核酸内切酶"，这种酶能在 DNA 核苷酸的特定连接处以特定的方式把 DNA双链切开。此外，他们在微生物中又发现了另一种"DNA 连接酶"，这种酶能把两股断开的 DNA 重新连接起来。这些可以对 DNA 进行操作的酶，使基因工程得到迅速发展，从而使人们可以改变生物体遗传物质的结构，改造生物体的遗传特性，为创造新生命类型奠定了基础。

据说推动整个生物技术变革性发展的 CRISPR-Cas 基因编辑技术也是首先从微生物中发现的?

没错。2007 年，丹尼斯克（Danisco）公司对嗜热链球菌的 type II CRISPR 系统研究发现，Cas 蛋白控制 spacer 的获取并且将其整合到基因组上，spacer 可以指导 CRISPR 系统特异性靶向并切割再次侵染的噬菌体基因组。之后，研究人员便通过人工合成特定的 spacer 序列，利用 CRISPR 系统首先在微生物中实现了基因编辑，将这种基因编辑技术（图 5-2）应用到真核哺乳动物中，推动了基因工程乃至整个生物技术的革命性发展。2020 年，法国科学家艾曼纽·沙彭蒂耶（Emmanuelle Charpentier）和美国科学家詹妮弗·杜德纳（Jennifer A. Doudna）因此获得了诺贝尔化学奖，以表彰她们"开发出一种基因组编辑的新方法"。

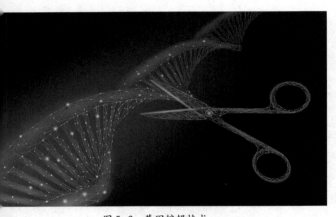

图 5-2　基因编辑技术

合成生物学就是以微生物为研究主体的，它的发展也是在微生物技术的基础之上吗?

合成生物学是推动生物技术创新发展的一项重要新兴学科，是继系统生物学之后，生物学研究从分析趋于综合、从局部走向整体的基础上，上升至复杂生命体系"合成和构建"的更高层次。现阶段合成生物学的主体研究对象主要以微生物为宿主，并且以微生物技术为基础。例如，代表性人造生命的最小基因组合成是以支原体为研究对象的，青蒿素（图 5-3）的合成是在酵母中进行的，DNA 存储也是在微生物中实现的，等等。合成生物学从其产生、发展到现在，都离不开微生物和微生物技术的突破。反过来，合成生物学也促使传统微生物技术升级为"现代微生物技术"。

正是这些由底层的微生物技术引发的革命性技术创新，使得生物经济从孕育期发展到目前最火热的指数成长期。

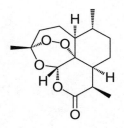

图 5-3 青蒿素

微生物技术给生物制造业带来了哪些变革？

现代生物制造起源于传统的微生物发酵技术。随着 19 世纪工业革命的兴起，传统的微生物发酵技术也逐渐从作坊式的食品类发酵升级为大规模、工厂化的发酵工业，有了能够控制通气量、温度、pH 等条件的专业发酵设备，形成了工业化的生物制造。像有机酸、氨基酸、抗生素、酶制剂的生产等都需要依靠发酵工业进行。目前，我国发酵工业市场规模已经达到 2 万亿。

随着生物技术，特别是微生物的基因工程技术、代谢工程技术的发展，不仅酱油、醋、氨基酸可以通过发酵产生，生物材料、精细化学品、生物能源等都可以通过发酵进行生产。预计未来十年，石油化工、煤化工产品的 35% 均可以被生物制造的产品替代，成为可再生产品和爆发性行业，并成为 CO_2

减排的关键技术，这将对能源、材料、化工等领域产生重要影响。传统的"农业养殖食品"包括牛奶、食用糖、油脂、植物药物等在内的食品以及天然产物等，均可以利用现代微生物技术，通过构建新的微生物"细胞工厂"，在改造和优化天然表达体系的同时，依靠人工的生物制造体系实现合成，其全球经济规模也十分可观。

> 听说化妆品中的玻尿酸、胶原蛋白等物质也能用微生物发酵技术来制造？

是的。在医美、润肤、保湿中广泛应用的透明质酸（图 5-4），也就是玻尿酸，之前只能从鸡冠中提取，而微生物发酵技术彻底让这个"旧时王谢堂前燕""飞入寻常百姓家"了。此外，主要来自动物的骨头和皮肤、具有"皮肤软黄金"之称的胶原蛋白，如今也可以通过微生物来生产。目前，美国的合成生物技术公司阿米瑞斯（Amyris），已经利用合成生物学等技术合成了角鲨烷等化妆品原料，并成功开发出终端润肤品。国内化妆品原料巨头，如华熙生物，也注资生物科技赛道，倾力打造跨界新科技，将现代微生物技术应用于化妆品的"升级"。可以想象，在不远的将来，或许我们吃的肉、穿的衣服、随手拿的塑料制品等全都可以通过微生物技术来进行生物制造，那将会是怎样的情景？

图 5-4　透明质酸

当前，国家对生物制造业的支持有哪些举措？

2022 年 5 月 10 日，国家发展和改革委员会发布了《"十四五"生物经济发展规划》。该《规划》指出：依托生物制造技术，实现化工原料和过程的生物技术替代，发展高性能生物环保材料和生物制剂，推动化工、医药、材料、轻工等重要工业产品制造与生物技术深度融合，向绿色低碳、无毒低毒、可持续发展模式转型。可以说，大力发展生物制造产业，将助力我国加快构建绿色低碳循环经济体系，推动生物经济实现高质量发展。生物制造可以降低工业过程能耗、物耗，减少废物排放以及空气、水和土壤的污染，大幅度降低生产成本，提升产业竞争力。生物制造可以提高自然资源利用效益，实现废弃物的回收利用，提升能源效率，促进产业升级。

瑞典人提出过"生物农业"这个概念，什么是生物农业？它会带来哪些变革？

"生物农业"的概念早在 1940 年就提出了，是区别于以能源、化肥等投入要素为基础的"石油农业"的生产方式。后者在满足人类食物需求的同时，也带来了环境与生态问题。20 世纪 70 年代后，"绿色革命"浪潮席卷全球。

微生物和微生物技术在生物农业的发展中必不可少。土壤微生物、动植物病害、兽医微生物、肥料微生物、饲料微生物等都离不开微生物技术。氮源是植物生长中必不可少的营养成分。在自然界中，很多微生物可以在特定条件下把氮气还原为氨，因而被称为固氮微生物，如放线菌（图 5-5）。采用微生物固氮，可以减少化肥的使用，因而减少了能源的消耗。另外，由于全部固氮

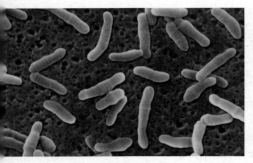

图 5-5　放线菌

过程都是生物活动，无污染物的排放，有利于生态环境的保护。而微生物肥料是活体肥料，微生物肥料中有益微生物的活动可以改变土壤中各种有机物、无机物的组成，为植物生长提供丰富的营养。同时，土壤中的微生物会与植物相互作用，影响植物的生长。可以说，微生物技术是生物农业的基础。

上文提到，通过合成生物学技术，采用微生物发酵技术可以合成人造蛋白质、人造牛奶、人造肉等，这种将畜牧业转变为以生物农业为基础的生物制造，可以提高资源利用效率，降低温室气体排放，是未来发展的方向。

> 微生物作为自然界物质降解循环的主力军，在环境修复方面具体有哪些应用前景？

微生物在水污染控制、大气污染治理、土壤肥力修复、有毒有害物质降解、废物资源化等方面，发挥着重要的作用。正如前面所述，缺少了它们，生物圈的物质和能量循环将中断，地球上的生命将难以繁衍生息。最近发现，即使人工合成的高分子聚合物，如某些合成塑料，也可以被微生物缓慢降解。2016 年，日本科学家发现了能够降解塑料 PET（聚对苯二甲酸乙二醇酯）的微生物，一种新的细菌 *Ideonella sakaiensis* 以及其产生的 PET 水解酶（PETase）和 MHET 水解酶（MHETase）掀起了塑料降解研究的热潮。随着现代微生物技术的发展，尤其是基因工程、代谢工程、酶工程以及合成生物学等生物技术的飞速发展和应用，微生物降解塑料将会变得效率更高、成本更低，且专一性更强，为微生物技术在环境保护中的应用开拓更为广阔的前景。

生物质资源具有哪些应用前景？

　　生物质资源是可再生性资源，是将植物固定 CO_2 产生的生物质再次转化为人类可以应用的产品，可以利用生物质资源开发生物能源、化工产品等，具有"零碳"的特征。地球上每年光合作用的产物高达 1500 亿~2000 亿 t，其中80% 以上为木质纤维素类物质。随着世界人口的增长和化石能源的日渐枯竭，开发高效转化木质纤维素类可再生资源的微生物技术，利用工农业废弃物等发酵生产人类急需的燃料及化工产品，能显著降低碳排放，同时又能解决农业废弃物造成的环境污染问题。这不仅是生物农业的一部分，也是生物制造和生物能源发展的物质基础之一，是实现"双碳"目标的重要途径。

什么是生物经济？微生物技术在其中的地位如何？

　　生物经济是以生物资源及现代生物技术为基础，以生物产品与服务的研发、生产、流通、消费、贸易为基础的经济，是继农业经济、工业经济、数字经济之后的第四个经济形态，也称第四次浪潮。生物经济主要包括生物医药、生物农业、生物制造、生物能源、生物资源、生物安全、生态环境、生物服务、生物信息等领域。预计产业规模达 40 万亿的生物经济，其诸多内容都和微生物技术息息相关。微生物技术作为底层技术，衍生出许多颠覆性、革命性的技术，是生物技术创新的源泉，并且服务于生物制造、生物农业、生物环保、生物能源等。

PCR 扩增技术

第二节

——捅过嗓子眼儿的棉签去哪儿了

你想过吗？做核酸的时候，捅过嗓子眼的棉签去哪儿了？为什么核酸检测最快也要数小时才能出结果？这期间，这颗棉签经历了什么？

> 新冠病毒感染疫情时期，定时的核酸检测，成了大家生活中的必经环节。我们去做核酸检测，需要排队、扫码，等医护人员拿棉签刮几下喉咙。可是，那些捅过嗓子眼的棉签去哪儿了？

想要得到核酸检测的结果，那些在核酸采样点（图 5-6）被采集下来的咽拭子（图 5-7）在被送到实验室之后，还需要经历一个有些复杂的过程，这个过程就叫作 PCR 扩增。

图 5-6　核酸采样点

图 5-7　咽拭子

很多人比较好奇，做核酸的时候就用棉签在喉部刮几下，得到的病毒样本足够得出我们是否感染病毒的结论吗？

用棉签在喉部刮，可以取到喉部的分泌物，如果此时喉部分泌物中含有病毒，我们就可以获得病毒的样本。但是病毒本来就很小，含有的遗传物质也很少，在喉部刮取的那一点点分泌物中就更有限了。我们直接去检测它，即使用上目前最先进的机器，也无异于用肉眼去看馒头上的一个霉菌，压根做不到。科学家们就想到，如果将病毒的遗传物质变多，就方便检测了。就像是我们把馒头上的霉菌培养起来，等它长成一大片霉菌，我们就能看得到了。要是再让这一大片霉菌有颜色，能发出荧光，那我们观察起来就更方便了。PCR扩增（图5-8）的过程就是利用了这样一个思路，让病毒的遗传物质变多，同时会发出荧光，最后去测定和阳性样本达到同样荧光强度所需要的时间，就可以判断这份样本中是否含有病毒了。

图 5-8　DNA PCR 扩增工具——96 孔板

PCR 扩增具体是什么样的技术呢？

PCR扩增的过程，其实可以简单理解为一个"生产拉链"的过程。先要把"拉链"的原材料备齐。新冠病毒的遗传物质是单链的RNA，可以将它想象为"拉链"的一条"链带"，我们选取上面特定的一段，称之为"片段a"。要做出一段完整的"拉链"，我们还需要有产生另一侧"链带"的材料，比方说一些零散的"链齿"。这些"链齿"在实际中，其实就是零散的核苷酸。要想让两侧的"链齿"咬合，我们还需要一个"拉链头"，也就是我们在实验室中用于合成的酶。为了把"拉链头"安装到"拉链"上，我们还需要一个插销，可以称之为"插销b"。有这样一个媒介，"拉链头"就可以顺利地结合到"拉链"上了。在实际操作过程中，我们也是通过一个称为"引物"的核苷酸序列，使酶结合到单链上去的。为了让结果更加明显，我们还人工合成了一小段也可以和"片段a"相咬合的、粘上荧光物质的"链带"，我们不妨称之为"短链c"。在实际中，我们则称这段带荧光分子的核苷酸序列为"探针"。

> 原材料备齐了，具体的步骤是怎样的？

我们先将"插销b"和原链带的"片段a"相咬合，然后安装上"拉链头"，这在实际中其实就是病毒的单链RNA和引物结合并与酶结合的过程。之后"拉链头"继续往后拉动的过程中，就可以使那些零散的"链齿"咬合到"拉链"的"链带"上，最终合成一段完整的"拉链"。这个过程，就是酶将零散的核苷酸结合到原来的单链上并合成一条新链的过程。在"插销b"结合到"片段a"上的过程中，粘有荧光物质的"短链c"也咬合在了"片段a"上的某个合适的位置。这样"拉链头"在拉动到"短链c"的位置时，就会把粘在"短链c"上的荧光物质拉下来。在实际中，也就是酶会将探针上的荧光分子剪切下来。

因为通过这样的步骤，原链带上和以原链带为模板合成的新链带上就都含有了"片段a"，那么我们只要使新合成的这一侧链带和原链带分离，然后让它们上面携带的"片段a"再次和我们合成的"插销b"、粘有荧光物质的"短链c"咬合，然后将"拉链头"再次安装上，就可以再合成新的"拉链"，"拉链工厂"就运转起来了。在这个过程中，每合成一条新链带都意味着一个"短链 c"上荧光物质的掉落。只要这个过程不断循环，最终我们就能检测出达到一定荧光强度时循环的次数，再把这个结果与阳性标准比较，就可以得出结果了。

> 这个过程听上去可不简单，一个核酸检测的过程大概要耗时多久？

因为这个过程需要不断循环进行，也就意味着核酸检测结果的得出是需要等待的。目前的技术条件下，一轮 PCR 从上机开始到机器结束一般需要 80~120 min，再加上医务人员核对信息、配置试剂的时间，得出核酸检测结果要几个小时也就可以理解了（图 5-9）。

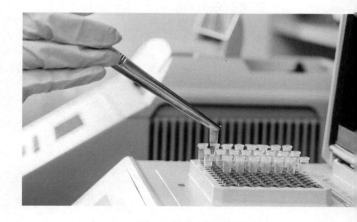

图 5-9　技术人员做 PCR 检测

其实，PCR 扩增过程中用到的引物比前面提到的要更复杂。为了避免引物本身发出的荧光直接被检测到，以致干扰实验结果，实际在引物的一端添加荧光分子的同时，在引物的另一端也添加了淬灭基团。当荧光分子未被剪切下来时，其发射的荧光信号被淬灭基团吸收，故检测不出荧光强度。只有 PCR 体系中存在病毒的单链 RNA，"拉链"过程能够进行时，荧光分子才会被剪切下来并发出荧光信号。

微生物电合成
——对 CO_2 的围追堵截再升级

二氧化碳（CO_2）在生态环境中起着重要的作用，是碳循环不可或缺的一部分。但与此同时，CO_2 作为主要的温室气体之一，也是气候变化的核心。为实现碳中和的发展目标，除了发展非碳可再生能源，我们当前还开拓了一条道路——通过人为技术手段捕获、利用和封存已排放的 CO_2。这其中，微生物也起到了关键作用。

> "碳中和"目标提出前，全球 CO_2 排放达到了一个怎样的程度？

随着工业化进程的加快，化石燃料的过度消耗以及 CO_2 的过量排放已经对生态系统造成了不可逆转的危害。过多的太阳热量被过量的 CO_2 捕获，地球正通过"温室效应"变得越来越热。自 1750 年以来，大气中 CO_2 的浓度从 280 ppm 上升到 419.13 ppm，使地球平均表面温度上升约 1 ℃。在温室效应的影响下，极端天气日益频繁，海平面持续上升，全球荒漠化日益严重。2018年，联合国气候变化委员会倡议各国减少化石燃料的使用和 CO_2 的排放，将全球变暖控制在温度警戒线以内（≤ 1.5 ℃）。2020 年 9 月，中国政府在联合国大会上提出将在 2060 年前努力实现碳中和目标（碳吸收量 = 碳排放量）（图 5-10）。

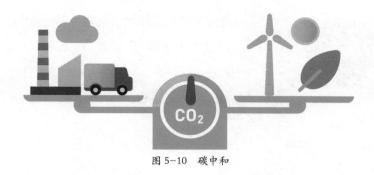

图 5-10　碳中和

除了减少 CO_2 的排放，在对排出去的 CO_2 加以回收、利用方面，我们也做了很多尝试，目前进展如何？

目前除了发展非碳可再生能源，如太阳能、风能、潮汐能等（图 5-11），我们还通过人为技术手段捕获、利用和封存已排放的 CO_2。然而，CO_2 是一种结构特殊的气体，1 个碳原子和 2 个氧原子呈对称双键排列（图 5-12），碳原子处于最高氧化态，化学性质稳定，需要大量能量驱动还原反应。其中，电驱动的 CO_2 还原受天气或地域的影响较小，比光能驱动的 CO_2 还原具有更好的应用前景，更有利于实现长效的碳循环。CO_2 的电还原是指在电能驱动和催化剂协同下，将 CO_2 还原并将其转

图 5-11　可再生能源

图5-12　CO_2分子结构

化为有价值化学品或生物燃料的过程，主要包括CO_2无机电催化（Electrocatalytic CO_2 Reduction Reaction，CO_2 RR）和微生物电合成（Microbial Electrosynthesis，MES）两种。

什么是微生物电合成？涉及哪些微生物？

微生物电合成（MES）是指在电能的驱动下，具有胞外电子传递功能的微生物利用阴极传递的电子作为还原力，利用生物固碳途径将CO_2转化为多碳化合物的过程。在MES过程中，具有胞外电子传递功能的微生物是核心组成部分，其自身的代谢特性及电子摄取能力直接影响该过程的可行性与能量转换效率。

目前，MES中涉及的微生物主要有产甲烷菌、产乙酸菌、希瓦氏菌、地杆菌、氧化亚铁硫杆菌、真养产碱杆菌以及氨氧化菌等。

和CO_2无机电催化（CO_2 RR）相比，微生物电合成（MES）具有怎样的优势？

MES作为一种生物电化学系统，主要包括阴极室和阳极室，中间有一层质子交换膜作为间隔。在电能的驱动下，阴极电子通过直接或间接的方式传递到微生物胞内，微生物作为生物催化剂将CO_2还原成生物燃料或化学品。目前，MES合成的产物主要以甲烷和乙酸为主，此外还有丁酸、乙醇、异丁醇、异戊醇、甘油、草烯、长链烷基酯等。由此可见，与CO_2RR相比，MES借助微生物自身灵活多样的代谢途径和日益成熟的代谢工程技术，在合成长链化合物方面具有独特优势。

　　这样看来，MES的确是一种绿色、清洁的CO_2固定和转化可持续生产方式，为实现碳中和提供了一种优选策略，目前实际应用效果如何？

　　CO_2的MES在实现可再生电能转化为化学能、无机碳转化为生物燃料或有价值化学品等方面具有核心优势。不过，MES系统在CO_2固定效率、产物特异性以及反应规模等方面距离工业化应用还有较远的距离。但是，随着新技术、新思路的发展，MES应用于CO_2捕获和转化将变得更加高效和灵活。总之，我们期待CO_2的MES在环境保护和可持续发展中有一个光明的未来。

第四节 解塑再利用
——细菌吃塑料的天赋异禀被我们发现了

塑料这种有机高分子材料的物理化学结构非常稳定，可以在自然环境中稳定存在数百年而不被分解。在给我们带来便捷的同时，塑料被大量遗弃到自然环境中，造成了严重的"白色污染"。如今，生物降解塑料废物已经展现出了巨大的应用潜力。

> 塑料被誉为"20世纪人类最伟大的发明之一"。从我们平时用的饮料瓶、包装袋，到我们穿的聚酯纤维衣服、鞋子，塑料制品在我们生活中随处可见。能否具体介绍下塑料是什么？具有哪些特性？

图5-13　各种塑料制品

塑料是一类人工合成的高分子聚合物，它们大部分是以不可再生的石油为原料，通过加聚或缩聚反应聚合而成的，具有重量轻、生产成本低、坚固耐用等优点，被誉为"20世纪人类最伟大的发明之一"。虽然塑料的诞生历史只有一百多年，但作为材料界的后起之秀，已经被广泛应用于农业、工业、建筑业等多个行业，开创了高分子材料的新纪元（图5-13）。

塑料是怎么被发明出来的?

让人意想不到的是，塑料最早是由一位摄影师发明的。19世纪50年代，英国摄影师亚历山大·帕克斯（Alexander Parkes）将摄影时使用的"胶棉"与樟脑混合，发现这种材料具有很好的可塑性，在加热时可以变软，冷却后会变硬，形成固定的形状，这便是最早发明的热塑性塑料。而真正将塑料推向大众的是比利时化学家列奥·亨德里克·贝克兰（Baekeland，Leo Hendrik），他发现苯酚和甲醛聚合产生的缩聚物具有耐热、耐腐蚀、绝缘性强等许多优点，大名鼎鼎的酚醛塑料就此诞生了，这是世界上第一种完全由人工合成的塑料，从此拉开了塑料时代的大门。

塑料制造业开始飞速发展，各种不同类型的塑料层出不穷，已经工业化的塑料有300多种，遍及我们日常生活的方方面面。2019年，全球塑料年产量达到4.6亿t，其中，我国的塑料产量占比超过30%，是全球最大的塑料生产国。尤其是新冠病毒感染疫情发生后，对口罩、防护服等一次性医疗用品（图5-14）的需求激增，进一步拉动了塑料行业市场规模的持续增长。

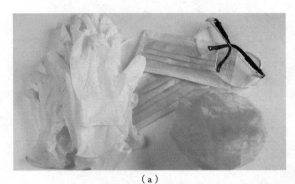

（a）

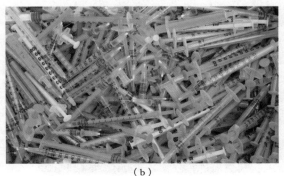

（b）

图5-14　一次性医疗用品

> 但是，目前塑料带来的"白色污染"十分严重，威胁到生态安全和人类健康，塑料造成环境问题的主要原因是难以降解，对吧？

是的。塑料虽然具有重量轻、成本低、性质稳定等优点，但环保组织与国际社会逐渐意识到这类人工合成的高分子聚合物在自然环境中无法被快速降解，带来了严重的环境问题。

图 5-15　各种塑料垃圾

图 5-16　海滩上的塑料垃圾

我们身边随处可见被丢弃的塑料袋、塑料瓶、塑料杯等塑料垃圾（图 5-15），造成了"白色污染"，影响市容的同时，严重破坏了土壤生态系统。更糟糕的是，丢弃到海洋中的塑料垃圾更加难以被清理回收，还会通过洋流作用在海洋中不断聚集。实际上，在太平洋中已经出现了多个大型的垃圾聚集带。其中最为著名的是位于美国夏威夷和加利福尼亚州之间的巨型垃圾岛，这座垃圾岛由各种塑料垃圾组成（图 5-16），总重量超过 400 万 t，占地面积达 140 万 km^2，相当于 85 个上海市。而且这个面积还在不断扩大，被称为地球上的"第八大陆"。

除了环境,塑料垃圾对人类和动物的危害也很大,目前达到了一个怎样的程度?

很多塑料垃圾颜色鲜艳,形状各异,容易被动物们当作食物误食,使动物们最终因消化道被填满无法进食而死。即使少量误食,塑料表面还会吸附大量重金属和污染物,这些物质会沿着食物链向上传递,毒性也不断积累,威胁动物的生命。据"绿色和平"组织报告,目前发现至少267种海洋生物因误食海洋垃圾或者被海洋垃圾缠住而饱受折磨(图5-17)。

图5-17 被垃圾袋缠绕的海龟

不仅是各种动物,即使是作为食物链顶端的人类,也无法逃脱塑料污染的毒害。据澳大利亚研究人员报道,环境中的塑料垃圾会逐渐破碎变成微塑料颗粒,这些微米级的塑料颗粒已经随着饮食进入了人类体内。全球人均每周摄入约2000颗塑料微粒,重量约为5 g,甚至已经在人体的血液中发现了微塑料颗粒,这些塑料颗粒携带的有毒物质会在人体中不断积累,对生命健康造成潜在危害。

> 除此之外，塑料也是温室气体的释放源，塑料对碳循环的影响有多大？

据统计，全球每年有 4%~8% 的石油消费与塑料有关。到 2050 年，塑料将占全球石油消耗总量的 20%。作为一种新兴的碳基材料，塑料每年增加近 1 亿 t，全球累计超过 62 亿 t，远超人类（0.6 亿 t）和所有动物（20 亿 t）的含碳量总和。这些大量存留在环境中的塑料碳资源已经开始影响地球系统中的碳循环。

不仅如此，塑料的全生命周期还会排放出大量的 CO_2。2019 年全球塑料释放的温室气体为 8.6 亿 t CO_2 当量。预计到 2050 年这一数字将增加到大约 28 亿 t，占全球碳预算总量的 15%。因此，有必要从制造、回收、循环利用多个角度综合控制塑料使用造成的温室气体排放。

> 塑料就这么坚不可摧，无法被降解吗？

虽然塑料难以被生物降解，但也并不是完全坚不可摧。2004 年，北京航空航天大学杨军教授在厨房中偶然发现塑料米袋上有许多被虫子咬破的孔洞，这一幕给杨军教授带来了启发，这些虫子是不是能消化塑料？

带着这一疑问，他在实验室进行了一系列的研究工作，结果发现，米袋里面的蜡虫果然能降解塑料，并且证明了蜡虫肠道中的微生物发挥了非常重要的作用。后来，越来越多的昆虫，如黄粉虫、超级蠕虫、大麦虫等，都陆续被发现对塑料具有一定的降解能力。更重要的是，有很多微生物从这些昆虫的肠道中分离出来，它们能附着在塑料膜表面缓慢生长并破坏塑料（图 5-18）。

图 5-18　电子显微镜下观察到微生物降解塑料薄膜

也就是说，这些昆虫可以降解塑料，是肠道中的微生物在发挥作用？类似的例子还有哪些？

2016 年，日本科学家在大阪的 PET 塑料回收点分离到了一株名叫 *Ideonella sakaiensis* 的细菌。这种细菌可以分泌一种可将 PET 塑料水解成小分子的降解酶 IsPETase。在常温环境下，约 6 周就能将 0.2 mm 厚的低结晶度 PET 薄膜完全降解，降解后的小分子 MHET 和 TPA 还可以被细菌吸收用于生长。

虽然一开始发现的 PET 降解酶活性并不高，但这一研究激起了生物降解 PET 塑料的研究热潮，大量新的 PET 降解酶（图 5-19）被陆续发现。同时，各种先进的蛋白质工程技术也被用于提升 PET 降解酶的催化效率。2020 年，法国图卢兹大学的科学家设计出一种高效的 PET 降解酶突变体 ICCG，可以在 10 h 内分解至少 90% 的 PET 塑料，使得 PET 的生物降解技术终于具备了一定的经济可行性。他们正在与初创公司 CARBIOS 合作利用该技术进行工业化的探索，目前建成的示范反应堆一次可以容纳近 2 t PET 塑料，在

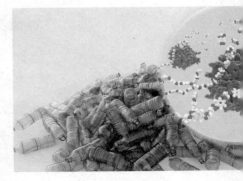

图 5-19　PET 降解酶

10~16 h 内将其彻底分解成单体，并重新用于制造 PET 产品。据估计，与利用石油基单体制造 PET 相比，通过酶促回收单体制造 PET 可以减少 17%~43% 的温室气体排放，显著降低塑料工业对于石化资源的依赖及环境的污染。

> 降解是一方面，除了降解之外，能否将废料加以利用呢？

可以，在这方面微生物技术贡献很大。例如，通过代谢工程及合成生物学技术改造微生物，在降解 PET 塑料的同时，让降解产生的小分子化合物生长并合成可降解塑料 PHA、重要化学品粘康酸等高价值化合物（图 5-20）。在解决塑料污染的同时，提高塑料废物的经济价值，将其变废为宝，彻底实现"解塑再用"的终极目标。

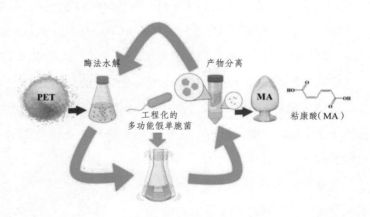

图 5-20　微生物将 PET 转化为高附加值化合物

经过研究人员的不懈努力，生物降解塑料废物已经展现出了巨大的应用潜力。未来可以期待，通过微生物技术赋能生态环境保护，将进一步推动塑料的绿色低碳循环，促使塑料废物变废为宝，提高碳资源利用效率，减少碳排放，真正实现"既要金山银山，也要绿水青山"的绿色可持续发展！

生物修复
——农药降解中的更优方案

农药的不合理滥用使生态环境遭到了严重破坏。生物修复具有成本低、无二次污染等优点，目前已经成为解决环境污染的重要技术手段，使得环境修复成为可能。

> 说到农药、杀虫剂这些化学品对生态环境的危害，不得不提到《寂静的春天》（*Silent Spring*）这本书。这本书的影响力巨大，间接推动了各国禁止使用 DDT 的相关立法。这本书的动人之处在哪里？

这本书的开篇便描绘了一个经典的场面：

有这样一个村庄，每到春天，冰雪消融，万物复苏，灰蒙的大地有了绿意，候鸟迁徙回了北方，老伯开始辛勤地耕田插秧，一切都充满了生机，一切都写满了希望。但是最近几年，植被逐渐枯萎泛黄，清脆悦耳的鸟鸣愈发稀少，小溪流不再清澈透亮，老伯养的牛也有气无力，病病恹恹。春天本应生机盎然、鸟语花香，如今却变得死气沉沉，正如西方浪漫主义诗人约翰·济慈描绘的那样："湖上的芦苇已经枯萎，也没有鸟儿唱歌。"人们不禁会问：曾经的春天去哪里了？这个村庄为什么会变成这样？

图 5-21　水中死鱼

这个场景真实地发生于 20 世纪五六十年代美国的很多村庄。究其原因，农药除草剂、杀虫剂被大量使用，昆虫因食用了喷洒农药的植被而大量死亡，鸟类食用了体内含有农药的昆虫后也大量死亡，鱼类生活在毒素含量超标的水体中也无法存活（图 5-21）。这一可怕的现象引起了全世界的广泛关注。

> 农药的广泛使用大概是什么时候？

20 世纪初，随着人口的增多，人类对粮食的需求也愈发增大，人们想方设法进行农业增产。但是严重的虫害造成了农业减产，针对这一现象，人们就开始想办法能否将害虫除去。直到 1939 年 9 月，瑞士化学家米勒制取到了一种化合物——双对氯苯基三氯乙烷（DDT），这种化合物对家蝇、虱子、蝗虫等节肢动物具有强烈的杀灭作用，而对农作物生长的影响很小。通过施用这种农药（图 5-22），虫害减少了，人们实现了一定的农业增产。同时，农业上还存在着一个问题，猖獗的杂草会从农作物那里夺取营养，造成农业减产。延续杀虫剂的思路，科学家发明了多种除草剂，通过应用发现也可以实现增产。这一良好的效果推动了化学合成工业迅速发展，越来越多的化学品被合成并应用在农业生产上。

图 5-22　喷洒农药

后来是如何一步步逐渐导致环境严重污染的?

农药的施用起初达到了预期的效果，但下一年施用与上一年同量的农药却达不到预想的效果。杀虫剂、除草剂的使用虽然暂时降低了害虫和杂草的种群数量，但与此同时却增加了抗药性基因的频率。简单地说，农药的常年喷洒提高了昆虫和植物对农药的抵抗力，农药越来越不好用了。而耕作的老农会因为效果不佳而加大剂量，或者同时添加多种农药直到除去了今年的病害，但这种农药的过量乱用对生物、对环境会产生严重的危害。

环境中残存的农药量危害究竟有多大?

农药的不合理滥用，以及农药特殊的理化性质，使得农药迁移到环境中的各处。农药除了落在植物表面，也会被撒施到旱地土壤上和混合进水田的水体中，在雨水的冲刷和地表径流的作用下，会进入深层土壤与河流湖泊。环境中存在的农药污染物的含量可能达不到大部分生物的致病含量，但是，别忘了"生物放大"作用（图 5-23），即生物会将农药污染物蓄积，然后将该物质传

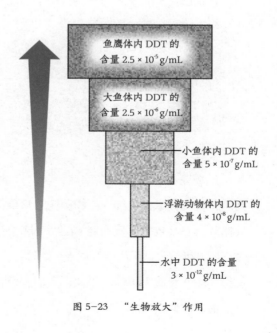

图 5-23 "生物放大"作用

递给下一个捕食者。比如，昆虫食用了施过量农药的作物而被毒死，昆虫体内就含有了这种物质，鸟类食用了这些昆虫，将这部分毒素又储存在自己体内……我们都知道，生物体内的毒素达到一定的剂量，就会从量变到质变，往往会对生物的生长和繁殖产生严重的影响。

> 环境本身的自净功能应该也能起到一定的作用，在这个过程中，微生物扮演着怎样的角色？

是的。幸运的是，我们赖以生存的生态环境具有一定的自净能力，在植物、微生物的作用下，农药会逐渐被降解，其中微生物发挥了主要作用。微生物通过分泌生物酶将农药有机污染物降解，一种微生物可能只能降解一步，自然界中的微生物种类繁多，复杂的微生物群落就可以将大部分农药降解为小分子物质，甚至矿化为 CO_2。

> 微生物的这种作用能否放大后为我们所用？

这就是微生物修复技术。目前，科学家正研究利用微生物解决农药污染问题，试图向水体中加入生物菌剂对污染物进行生物降解，以及通过对农田土壤撒施具有高效降解农药能力的微生物菌剂，达到环境修复的目的。生物修复具有成本低、无二次污染等优点，目前已经成为解决环境污染的重要技术手段，使得环境修复成为可能。因此，我们有望利用微生物修复技术，对农药污染进行防治，改善环境。